普通高等教育"十一五"国家级规划教材

动物育种学实验教程

刘文忠　徐银学　主编

中国农业大学出版社
·北京·

图书在版编目(CIP)数据

动物育种学实验教程/刘文忠,徐银学主编.—北京:中国农业大学出版社,2007.2(2024.5 重印)
普通高等教育“十一五”国家级规划教材
ISBN 978-7-81117-157-0

Ⅰ.动… Ⅱ.①刘…②徐… Ⅲ.动物-遗传育种-实验-教材 Ⅳ.Q953-33

中国版本图书馆 CIP 数据核字(2007)第 017948 号

书　　名 动物育种学实验教程
Dongwu Yuzhongxue Shiyan Jiaocheng
作　　者 刘文忠　徐银学　主编

策划编辑 张　程　潘晓丽　　**责任编辑** 冯雪梅
封面设计 郑　川　李尘工作室　　**责任校对** 王晓凤　陈　莹
出版发行 中国农业大学出版社
社　　址 北京市海淀区圆明园西路 2 号　　**邮政编码** 100193
电　　话 发行部 010-62818525,8625　　读者服务部 010-62732336
编辑部 010-62732617,2618　　出　版　部 010-62733440
网　　址 http://www.cau.edu.cn/caup　　**e-mail** cbsszs@cau.deu.cn
经　　销 新华书店
印　　刷 涿州市星河印刷有限公司
版　　次 2007 年 2 月第 1 版　2024 年 5 月第 6 次印刷
规　　格 185 mmn×260 mm　16 开本　12.25 印张　301 千字　彩插 3
定　　价 38.00 元

编审人员

主　编　刘文忠（山西农业大学）
　　　　　徐银学（南京农业大学）
副主编　俞　英（中国农业大学）
　　　　　帅素容（四川农业大学）
　　　　　曹洪战（河北农业大学）
　　　　　单雪松（吉林农业大学）
　　　　　郑　鑫（吉林农业大学）
参　编　（按姓氏笔画为序）
　　　　　朱　砺（四川农业大学）
　　　　　李步高（山西农业大学）
　　　　　赵永聚（西南大学）
　　　　　黄生强（湖南农业大学）
主　审　张　沅（中国农业大学）

序

动物育种学已经形成一个成熟的知识体系，而动物生产实践中的育种工作不是某一技术措施，而是一个一系列技术的组合。因此，动物育种学是一门多学科交叉、渗透、综合的专业基础课程，具有较强的理论性和实践性。作为主审人，能够提前阅读这本由全国8所高等农业院校的11位长期从事动物育种学教学和科研工作的一线教师编写的《动物育种学实验教程》，我感到非常高兴。目前，我们国家非常强调创新型和复合型人才的培养，而普通高等院校本科生在实验操作和实践技能的锻炼和培养方面还存在诸多问题。《动物育种学实验教程》的编写无疑对培养学生的创新精神和实践技能是有益的。

该教程内容覆盖了动物育种工作的各个主要环节，其突出特点是充分重视了理论性、实践性和系统性的结合。动物育种基础理论方面的内容力求经典性和先进性的统一，而动物育种实践方面的内容则强调技术性和实用性的统一。

该教程的另一个特点是将有关内容分为基础验证型、实践技能型、综合设计（包括新技术）型三大类型，在结构上做了很好的设计。其中，综合设计型实验是目前我国本科实践教学中比较脆弱的一个环节，也是本科教学评估的一项重要内容。以往有关实验教材缺乏这样的内容。该教程充分考虑了这一情况，这无疑对学生分析问题、解决问题能力的提高是有帮助的。

值此教程出版之际，代为作序，望该教程对我国动物育种教学和实践工作有所裨益。

中国农业大学教授

中国畜牧兽医学会副理事长

中国畜牧兽医学会动物遗传育种学分会理事长

2006年12月

前　　言

动物育种学实验课程是动物育种学的重要组成部分，是学生掌握动物育种的基本原理、基本知识和基本操作技能的重要环节。改革和加强实验和实践教学，对培养学生的创新精神和实践能力至关重要。为全面贯彻党的教育方针，落实立德树人根本任务，同时为适应国民经济和社会发展对高素质、复合型专门人才的培养需求，按照夯实基础、拓宽口径的指导原则，并配合“面向21世纪课程教材”《家畜育种学》教学内容，我们编写了《动物育种学实验教程》。

编写本教程的基本原则是：

1.实验内容的完整性与结构安排的合理性　实验内容与结构安排既要考虑面向世界、面向未来，又要考虑目前我国动物育种工作的现状与实际。在实验内容方面，考虑配合21世纪课程教材《家畜育种学》的教学内容，但又不完全受课程课时的限制，而是从本课程教学以及育种工作的实际需要出发，希望既可满足教学需要，也能满足实际育种工作者使用的需要。各学校可根据实际情况有选择地开设实验内容。

在结构安排方面，将所有内容分为三大类型：基础验证型、实践技能型、综合设计(包括新技术)型。内容覆盖动物育种工作的各个主要环节，重点放在育种的基本原理和方法，特别是选种、选配、品种和品系培育以及杂种优势利用方面。

2.理论与实践的有机结合　本实验教程力求既要突出动物育种学的基础理论，同时强调动物育种实践，使学生将理论与生产实际结合起来，灵活运用基本原理和方法，起到触类旁通、举一反三的作用。

3.重点内容与系统性考虑　动物育种基础理论方面的内容力求经典性和先进性的统一；动物育种实践方面的内容则强调技术性和实用性的统一。

本教程由全国8所高等农业院校的11位教师共同完成，分别是刘文忠(实验十六、二十一、二十三和附录Ⅱ)、徐银学(实验七、九、二十五和附录Ⅰ)、帅素容(实验八和二十八)、单雪松(实验二、十二和二十)、俞英(实验一、十八、十九和附录Ⅲ)、郑鑫(实验四、二十二和二十四)、黄生强(实验五、十五和二十六)、曹洪战(实验三、六和二十七)、朱砺(实验十三)、李步高(实验十和十七)、赵永聚(实验十一和十四)。

在本教程编写过程中，主审人张沅教授对编写大纲和全部书稿进行了细致审阅，提出许多宝贵意见。贵州大学简承松教授就教程的课时安排、实验内容和形式等提出许多宝贵建议。中国农业大学出版社潘晓丽编辑在人员组织、大纲审校、进度统筹及出版事宜等方面付出大量心血，在此，谨向所有关心和支持本教程编写工作的同志致以衷心的感谢。

由于时间仓促，加之编者水平有限，错误和疏漏在所难免，恳请读者批评指正。

编　者

2024年4月

目　　录

第一部分

基础验证型实验

实验一　畜禽品种的分类与识别

据统计，全球目前有 40 多个畜禽种类的大约 4 500 个品种。这些畜禽品种一方面为人类社会提供肉、蛋、奶、毛、畜力和有机肥等重要产品；另一方面目前这些畜禽品种资源中约有 30％以上处于危急、濒危以及基本灭绝的状态。为了合理利用以及有效保护畜禽品种资源，首先需要对畜禽品种的不同分类方法有全面的了解，在此基础上，识别国内外不同类型畜禽品种的种质特性及其生产性能表现。

一、实验目的

(1)熟悉畜禽品种的分类。

(2)了解我国著名地方品种以及当前在动物生产中发挥重要作用的培育品种和引进品种的主要种质特性，以及不同类型品种生产性能的表现。

(3)利用牧场条件，实地参观学习，识别畜禽品种，进一步巩固课堂所讲授的知识。

二、实验内容

(1)畜禽品种的分类。

(2)识别国内外著名的畜禽品种。

三、实验仪器与材料

(1)利用标准的动物模型，识别典型品种的特征。

(2)制备国内外畜禽品种的幻灯片，利用多媒体对比认识各种畜禽品种的特征。

(3)利用牧场条件，实地参观学习，进一步识别各种畜禽品种。

四、实验原理与方法

(一)品种的分类

中国的畜禽遗传资源丰富。根据品种资源调查及 2001 年“国家畜禽品种审定委员会”审核，中国畜禽品种资源主要包括猪、黄牛、水牛、牦牛、大额牛、绵羊、山羊、马、驴、骆驼、兔、梅花鹿、马鹿、水貂、貉、鸡、鸭、鹅、特禽、蜂 20 个物种，共计 576 个品种和类群(表 1-1)。

畜牧业上，比较常用且实用的畜禽品种分类方法主要有 3 种，即按品种的培育程度、品种体型外貌特征及品种的主要用途来分类。

表 1-1 中国畜禽品种资源状况表

物种	品种总数	地方品种	培育品种	引入品种
猪	99	72	19	8
黄牛	69	52	5	12
水牛	26	24	—	2
牦牛	11	11	—	—
大额牛	1	1	—	—
绵羊	50	31	9	10
山羊	50	43	4	3
马	47	23	17	7
驴	21	21	—	—
骆驼	4	4	—	—
兔	13	4	—	9
梅花鹿	3		3	—
马鹿	2	1	1	—
水貂	1		1	—
貉	1	1	—	—
鸡	100	81	14	5
鸭	29	27	—	2
鹅	26	26	—	—
特禽	12		—	12
蜂	11	4	—	7
总计	576	426	73	77
比例		74%	12.7%	13.3%

中国畜禽遗传资源状况,《中国畜禽遗传资源状况》编委会,2004 年。

1. 根据品种的培育程度分类

在我国现有的 576 个畜禽品种和类群中,有地方品种(类群)426 个(包括过渡品种),占 74%;培育品种 73 个,占 12.7%;引进品种 77 个,占 13.3%。

(1)地方品种:也称原始品种或土著品种,是在农业技术水平较低,长期缺乏有意识的选种选配工作,受自然条件影响较大,饲养管理繁育技术水平不高的条件下形成的品种。例如:哈萨克马,产自天山北麓、阿尔泰山南麓的广大地区,该品种由于长期受自然选择的结果,在外形上,个体较小,体质粗壮结实,皮厚、毛粗、适应性强,遗传稳定,生产力低。我国的一些地方品种是原始品种经过系统培育而成的,如太湖猪、金华猪、秦川牛、鲁西牛、湖羊、狼山鸡、丝羽乌鸡、北京鸭等。

(2)培育品种:也称育成品种,是指有明确的育种目标,在遗传育种理论与技术指导下,经过较系统的人工选择过程而培育成的畜禽品种。这类品种集中了特定的优良基因,具有较高的育种价值,其产品具有高度的专门化特征和较高的经济价值。这类品种培育过程中受自然环境的影响较小,对饲养管理条件要求较高,适应性、抗病力以及抗逆性均不及地方品种。育成品种的多少,标志着一个国家畜牧业的生产水平与生产技术的高低。各种专门化的奶牛、肉牛、瘦肉型猪、蛋鸡及肉鸡都属于培育品种。我国的培育品种有中国荷斯坦牛、北京黑猪、上海白猪、新疆细毛羊、新狼山鸡等。新中国成立以来,我国还从国外引进了大量的培育品种,如荷斯坦牛、海福特牛、长白猪、来航鸡、奥尔洛夫马等。

(3)过渡品种:具有育成品种和原始品种两个类型的特征,个体与个体间差异较大,在条件较好的地区,个体较大,生长发育快,而在条件较差的地区,个体较小,生产力低,生长发育较慢。如关中驴在陕南个体较大,在陕北的个体就小。

2.根据品种的主要用途分类

(1)生产力专门化的品种——专用品种。

乳用牛:如荷斯坦牛、娟姗牛等;

肉用牛:如海福特牛、短角牛等;

役用牛:如南阳牛、秦川牛、延边牛等;

重挽马:如俄罗斯马、阿尔登马等;

乘用马:如纯血马、阿哈砌金马等;

毛用羊:如美利奴羊、阿斯卡尼羊、波列华斯羊等;

羔皮用羊:如库车羊、卡拉库尔羊等;

乳用羊:如萨能羊、成都黄羊等;

瘦肉型猪:如杜洛克猪、皮特兰猪等;

脂肪型猪:如两广小花猪,宁乡猪等;

鲜肉型猪:如汉普夏猪等;

腌肉型猪:如金华猪、大河猪等;

蛋用鸡:如白来航鸡等;

肉用鸡:如白洛克鸡、九斤黄鸡、婆罗门鸡等。

(2)具有综合生产力的品种——兼用品种。

牛:乳肉兼用品种,如三河牛、阿拉塔乌、柯斯特罗母牛等;

　肉役兼用品种,如鲁西黄牛等。

羊:毛肉兼用品种,如新疆羊、高加索羊等。

马:乘挽兼用品种,如伊犁马、三河马、乌青马等。

猪:肉脂兼用品种,如哈尔滨白猪、民猪、苏联大白猪等。

家禽:肉蛋兼用品种,如澳洲黑鸡、芦花鸡等。

3.根据品种的体型外貌分类

(1)按体型大小分类:

大型品种:如重挽马等;

中型品种:如蒙古马等;

小型品种:如云南矮马等。

(2)按毛色或羽色分类:

白毛或白羽品种:如大白猪、长白猪、白来航鸡等;

黑毛或黑羽品种:如梅山猪、狼山鸡等;

花斑或芦花羽等:如荷斯坦牛、芦花鸡等。

(3)按角的有或无分类:

有角品种:如西门塔尔牛等;

无角品种:如无角安格斯牛等。

(二)品种的识别

品种识别是人们利用和保护遗传资源的基础。作为一个畜禽品种应具备的条件包括:较高的经济或种用价值、来源相同、性状相似、遗传性稳定、一定的结构、足够的数量。因此，应从畜禽外貌特征、原产地、生产性能表现等多个方面综合地识别一个品种。

中国的畜禽品种资源比较丰富，有近600个品种和类群。限于篇幅，这里从我国著名的地方品种、我国主要的培育品种以及引进的国外主要品种3个不同角度，选择部分畜禽品种，以表格和简要文字形式解释，同时用图像形式直观说明。

1. 我国著名的地方品种(表1-2)

表1-2 我国著名的地方品种

种	品种	原产地	主要特征	生产用途
猪	太湖猪	江浙太湖流域	被毛全黑，繁殖力最高、产仔数最多	肉脂兼用
	民猪	东北三省	被毛全黑，抗寒力强，肉质好	肉脂兼用
	金华猪	浙江	被毛两头乌中间白，肉质好	腌肉型
	荣昌猪	四川	被毛全白，适应性强，鬃质优良	肉脂兼用
	滇南小耳猪	云南	被毛全黑为主，适应湿热气候，体型小	肉脂兼用
普通牛	秦川牛	陕西	被毛紫红或红，5大地方良种牛之首	役肉兼用
	蒙古牛	内蒙古	被毛黑或黄，原始品种	兼用
瘤牛	云南瘤牛	云南	被毛杂，有灰、白、红、黑等，耐热耐湿	役肉兼用
牦牛	九龙牦牛	四川	被毛黑为主，分高大与多毛2个类型、耐寒	兼用
水牛	江汉水牛	湖北	被毛铁青色、青灰色，役用性能好、耐热	兼用
大额牛	独龙牛	云南	被毛黑色或深褐色，半野生，肉质好	
绵羊	大尾寒羊	山东、河北	被毛全白且同质性好，肉质好，繁殖力强	半细毛
	小尾寒羊	河北、山东	被毛全白，生长快，繁殖力强	半细毛
	乌珠穆沁羊	内蒙古	被毛白为主，肉脂产量高	肉脂、粗毛
山羊	内蒙古绒山羊	内蒙古	被毛全白、丝光强，绒、板皮、裘皮品质好	绒肉兼用
	青山羊	山东	黑白色被毛混生成青色，青花子皮驰名中外	羔皮用
	龙陵黄山羊	云南	被毛黄褐色或红褐色，体大、易肥，耐热	肉皮兼用
兔	云南花兔	云南	被毛杂，有白、黑、灰等，抗病力强	肉皮兼用
马	西南马	云南、贵州、四川、广西	被毛有骝、栗、黑、青等，体格小	驮乘兼用
鸡	北京油鸡	北京	“三羽”特征：凤头、毛腿和胡子嘴，肉鲜美	肉蛋兼用
	寿光鸡	山东	羽色全黑，皮肤白色	蛋肉兼用
	丝羽乌骨鸡	江西、福建	“十全”特征：桑葚冠、缨头、绿耳、胡须、丝羽、五爪、毛脚、乌皮、乌骨、乌肉	药用、观赏
	藏鸡	西藏	体型小，善飞，好斗，极耐粗饲，抗病力强	肉蛋兼用
	茶花鸡	云南	适应性强，体形矮小，活泼好斗，肉质鲜美	肉蛋兼用
	亳州斗鸡	安徽	羽毛薄，颈粗长，胸宽厚，斗性强，斗技高	玩赏型
鸭	北京鸭	北京	羽色全白，外观硕大美丽，“北京烤鸭”	肉蛋兼用
	荆江麻鸭	湖北	头部清秀，产蛋能力强	蛋用
鹅	狮头鹅	广东	头部前额肉瘤发达，形似狮头，生长快	肉用
	豁眼鹅	东北三省	羽色全白，上眼睑有一疤状豁口，繁殖力强	蛋用

这里，从猪、牛、羊、禽等畜禽中，再选择 4 个在现代畜禽生产中最著名或数量最多的我国地方品种做一全面识别。其他品种的识别可以此方式进一步学习。

(1)猪——太湖猪：太湖猪主要分布在长江中下游，江苏省、浙江省和上海市交界的太湖流域。由二花脸、梅山、枫泾、嘉兴黑、横泾、米猪、沙乌头等猪种归并，1974 年起统称“太湖猪”。

体型外貌上，太湖猪为中等体型，各类群间有差异，以梅山猪较大，骨骼较粗壮；米猪的骨骼较细致；二花脸猪、枫泾猪、横泾猪、嘉兴猪则介于二者之间；沙乌头猪因含少量灶猪血统，体质较紧凑。头大额宽、额部皱褶多、深，耳特大，软而下垂，耳尖齐或超过嘴角，形似大蒲扇。全身被毛黑色或青灰色，毛稀疏，毛丛密，毛丛间距离大，腹部皮肤多呈紫红色，也有鼻吻白色或尾尖白色，梅山猪的四肢末端白色，俗称“四白脚”。乳头数多为 16～18 个，据对 3 025 头母猪统计，占 81.92%。

繁殖性能方面，太湖猪以繁殖力高著称于世，是全世界已知猪品种中产仔数最高的一个品种。据对产区主要几个育种场 1977—1981 年的统计，母猪头胎产仔数(12.14±0.09)头，二胎(14.48±0.11)头，三胎及三胎以上(15.83±0.09)头。各类群之间的产仔数，除个别外，差异不显著。太湖猪具有较高的繁殖能力，是与它的性器官、性机能发育较早密切相关的。小公猪 4、5 月龄时的精液品质已基本达到成年公猪的水平。母猪在一个发情期内的排卵数亦较多。据观察，二花脸猪 4 月龄时就有 17.33 枚，8 月龄时有 26.0 枚；枫泾猪 8 月龄时有(16.7±0.69)枚，成年时有(31.0±2.5)枚；成年嘉兴猪为(25.68±5.97)枚，最高一头为 43 枚；成年梅山猪平均为 29.09 枚，最高一头达 46 枚。

(2)牛——鲁西牛：鲁西牛是中国中原 4 大牛种之一。以优质育肥性能著称。

鲁西牛主要产于山东省西南部的菏泽和济宁两地区，北自黄河，南至黄河故道，东至运河两岸的三角地带。分布于菏泽地区的郓城、甄城、菏泽、巨野、梁山和济宁地区的嘉祥、金乡、济宁、汶上等县、市。聊城、泰安以及山东的东北部也有分布。20 世纪 80 年代初有 40 万头，现已发展到 100 余万头。

体型外貌上，鲁西牛体躯结构匀称，细致紧凑，为役肉兼用型。被毛从浅黄到棕红色，以黄色为多，一般前躯毛色较后躯深，公牛毛色较母牛的深。多数牛在眼圈、口轮、腹下和四肢内侧毛色浅淡。俗称“三粉特征”。鼻镜多为淡肉色，部分牛鼻镜有黑斑或黑点。角色蜡黄或琥珀色。

在生产性能上，据屠宰比率，18 月龄的阉牛平均屠宰率 57.2%，净肉率 49.0%，骨肉比 1∶6.0，脂肉比 1∶4.23，眼肌面积 89.1 cm^2。成年平均屠宰率 58.1%，净肉率 50.7% ，骨肉比 1∶6.9，脂肉比 1∶3.7，眼肌面积 94.2 cm^2。肌肉纤维细，肉质良好，脂肪分布均匀，大理石状花纹明显。

(3)羊——寒羊：寒羊分布地区较广，因而体型外貌不一致，按尾型可分为大尾寒羊和小尾寒羊 2 类。大尾寒羊主要分布在河南中部、河北省东南部以及山东省聊城地区。小尾寒羊分布在河南新乡、开封地区，山东的菏泽、济宁地区以及河北南部、江苏北部和淮北等地。

体型外貌方面，大尾寒羊头狭长，鼻梁隆起，耳大下垂，公、母羊均无角，胸窄，后躯发达。

脂尾发达，下垂到飞节以下。全身被毛白色，为异质毛。小尾寒羊公羊有三棱形螺旋形角，母羊半数有角。头、颈较长，鼻梁稍隆起，体躯高，前后躯均较发达，四肢较长。脂尾短，一般都在飞节以上。被毛白色者居多，全身有黑、褐色斑或大黑斑者为数很少，亦为异质毛。

在生产性能上，大尾寒羊成年公羊体重平均为 59.5 kg，成年母羊为 35.8 kg。成年公羊剪毛量平均为 1.25 kg，成年母羊为 0.76 kg。产羔率平均为 185%。小尾寒羊成年公羊体重为 57.63 kg，成年母羊为 42.1 kg。成年公羊剪毛量为 3.67 kg，成年母羊为 1.51 kg。产羔率达 270%。

寒羊具有耐粗饲，抗病力强，发育快，成熟早，繁殖力高，产肉性能好等优点。但还存在着体格小，产毛量低，羊毛不同质且品质差等缺点。因此应进一步进行本品种选育，在条件允许的地区，可通过杂交改良，向毛用或肉用方向发展。

(4)禽——北京鸭：北京鸭属肉用型品种。主产于北京市郊区。现分布于全国各地和世界各国。具有生长快、繁殖率高、适应性强和肉质良好等优点，以北京鸭为原料加工的烤鸭享誉中外。2000 年被列为国家级畜禽品种资源保护品种。

在外貌特征上，北京鸭体形硕大丰满，体躯长方形，前部昂起，与地面约呈 30°角，背宽平，胸丰满，胸骨长而直。头大颈粗。全身羽毛丰满，羽色纯白而带有奶油光泽。翅较小，尾短而上翘。

生产性能方面，北京鸭初生 60 g；21 日龄 650 g；49 日龄 1 875 g；63 日龄 2 625 g；150 日龄 2 875 g。母鸭平均开产日龄 165 天。母本品系平均年产蛋 240 枚，经强制换羽后，第二个产蛋期可产蛋 100 枚以上。平均蛋重 103 g，平均蛋壳厚度 0.36 mm，平均蛋型指数 1.41，蛋壳白色。公母鸭配种比率 1∶(5～6)。平均种蛋受精率 90%，平均受精蛋孵化率 80%。公鸭利用年限 1～2 年，母鸭 2～3 年。

2. 我国主要的培育品种(表 1-3)

表 1-3 我国主要的培育品种

种	品种	原产地	主要特征	生产用途
猪	上海白猪	上海	被毛全白，瘦肉率高、生长快、产仔数多	肉脂兼用
	北京黑猪	北京	被毛全黑，体型较大，生长快	肉脂兼用
	三江白猪	黑龙江	被毛全白，饲料利用率高，瘦肉率高	瘦肉型
	东北花猪	黑龙江	被毛黑白相间，适应性强，生长快	肉脂兼用
普通牛	中国荷斯坦牛	各大中城市	被毛黑白花片，适应性强，产奶量高	乳用
	草原红牛	内蒙古、河北	被毛紫红色为主，适应性强，耐热抗寒	肉乳兼用
	三河牛	内蒙古	被毛红白花片，中国培育的第一个乳肉兼用品种，耐寒、耐粗饲，易放牧	乳肉兼用
	中国西门塔尔牛	吉林、内蒙古	被毛褐色，适应性强，耐高寒，寿命长	乳肉兼用
绵羊	新疆细毛羊	新疆	毛、肉兼用的细毛羊品种	细毛、肉
鸡	农大褐蛋鸡	北京	白羽，属农大 3 号节粮小型蛋鸡农大褐系	蛋用
鸭	天府肉鸭配套系	四川	分白羽系褐麻羽系，生长快	肉用

3.引入的国外主要品种(表1-4)

表1-4　我国引入的国外主要品种

种	品种	原产地	主要特征	生产用途
猪	大白猪	英国	被毛全白,适应性好,瘦肉率高,踢腿弱	肉用
	长白猪	丹麦	被毛全白,生长快,瘦肉率高,体质弱	肉用
	杜洛克猪	美国	被毛红色,肉质好,但繁殖率较低	肉用
	皮特兰猪	比利时	背膘薄,瘦肉率较高,抗逆性差	肉用
普通牛	荷斯坦牛	荷兰、德国	被毛黑白花片,产奶量最高的牛品种,世界第一大牛品种	乳用
	娟姗牛	英国	被毛黄、红,乳脂率较高	乳用
	皮埃蒙特牛	意大利	被毛白晕色,瘦肉率高,易发生难产	肉用
	西门塔尔牛	瑞士	被毛红白花、黄白花,产肉、产奶均较高,世界第二大牛品种	乳肉兼用
瘤牛	婆罗门牛	印度	被毛杂,有灰、红等色,耐热、抗病力强	肉用
水牛	印度摩拉水牛	印度	被毛青黑色,耐热,适应性强,产奶性能好	乳肉兼用
绵羊	澳洲美利奴羊	澳大利亚	被毛全白,适应性强,毛密度大,光泽度好	毛用
	夏洛来羊	法国	被毛白色,体躯圆筒状,产羔率高,生长快	肉用
山羊	安哥拉山羊	土耳其	被毛白色,体型小,生产著名的"马海毛"	毛用
	莎能奶山羊	瑞士	被毛全白,产奶量高	乳用
鸡	白洛克鸡	美国	羽毛全白,生长快,体型大,饲料利用率高	肉用
	白来航鸡	意大利	羽毛全白,体轻巧,产蛋量高	蛋用
马	纯血马	英国	被毛黄栗色,棱角分明,线条清晰,轮廓流畅,速度飞快,被称为"活的艺术品"	竞技
鹅	朗德鹅	法国	脖颈粗短而直,易于填饲生产肥肝	肥肝用

五、作业与思考

(1)畜禽品种的分类方法有几种?各有何特点?

(2)品种是如何形成的?

(3)如何对畜禽品种进行识别?

(4)详细列出3个你家乡所拥有或你较熟悉的国内外畜禽品种的外貌特征、生产性能、经济类型及主要优缺点。

实验二　畜禽生长发育评定

各种畜禽的生长发育都有其规律性，不同品种、性别和不同时期，都会表现出各自固有的特点和规律。研究生长发育，对育种工作十分重要。除了可以根据畜禽不同年龄特点进行鉴定外，更重要的是可以利用生长发育规律对畜禽进行培育，从而至少在当代就可能获得所需要的类型。如果长期多代根据畜禽生长发育各时期特点与要求来选择培育种畜，还可能获得新的类型。

对生长发育进行比较研究，其理论依据可概括为两方面：一是从动态观点来研究畜禽整体（或局部）体重（或体积）的增长，一是研究比较各种组织（或器官）随着整体的增长而发生比例上的变化和它们彼此增长的相对比例关系。

生长发育的研究，通常采用以下几种方法：

(1)测定各种器官、部位或组织的重量占体重的百分比，或测定某一器官的重量占各种器官总重量的百分比。

(2)将某一器官或部位或组织与标准器官或部位进行比较。这种方法测定的结果，不会受其他器官或部位生长的影响。但在选择标准器官时，最好是选数值变动不大的早熟器官，如头部、管骨等。

(3)将某一器官或部位或组织在不同年龄时的重量，与某一固定年龄（如初生时）该器官、部位或组织的重量进行比较。这种方法在研究年龄变化时适用。

(4)测定每一固定单位时间内，某一器官、部位或组织的增重速度。

(5)研究在不同营养水平或条件下，家畜器官、部位或组织的重量变化。一般和对照组进行比较。

一、实验目的

(1)熟悉几种畜禽生长发育的计算方法。

(2)掌握几种畜禽生长发育曲线的绘制方法。

二、实验内容

(1)畜禽生长发育的计算。

(2)畜禽生长发育曲线的绘制。

三、实验仪器与材料

计算器、坐标纸、直尺、铅笔。

四、实验原理与方法

(一)累积生长

任何一个时期所测得的体重或体尺,都代表该家畜被测定以前生长发育的累积结果,因此称为累积生长。从不同日龄或月龄的累积生长数值,可以了解家畜生长发育的一般情况。若用图解的方法来表示,可把月龄作为横坐标,体重作为纵坐标,然后按实际材料,在对年龄与实际体重处划点,最后把各点连接成线,即成为累积生长曲线。在理论上,该曲线开始时一般上升很慢,以后迅速提高,经过一段时间又趋缓慢,最后接近与横轴平行,故曲线通常呈S形。但实际测定的累积生长曲线常因畜种、品种和饲养管理的不同而有差异。

(二)绝对生长

指在一定时间内的增长量,用以说明某个时期家畜生长发育的绝对速度。其计算公式如下:

$$G=\frac{W_1-W_0}{t_1-t_0}$$

式中:W_0 代表始重,即前一次测定的重量或体尺;

W_1 代表末重,即后一次测定的重量或体尺;

t_0 代表前一次测定的月龄或日龄;

t_1 代表后一次测定的月龄或日龄。

例如,一头荷斯坦犊牛,初生重为 40 kg,1 个月后增到 55 kg,代入公式$\frac{55-40}{30}$,得出该犊牛的绝对生长即日增重为 500 g。

在生长发育的早期,由于家畜幼小,绝对生长不大,以后随着个体的成长逐渐增加,达到一定水平以后又逐渐下降。如把各个时期的绝对生长量用图来表示,它在理论上呈正态曲线,其最高点相当于累积生长曲线上的转折点(即家畜的性成熟期)。绝对生长在生产上使用较普遍,是用以检查家畜营养水平,评定家畜优劣和制定各项生产指标的依据。

(三)相对生长

绝对生长只反映生长速度,并不反映生长强度。为了表示生长发育的强度,就需要采用相对数值,以增重占始重的百分率来表示。相对生长用 R 表示,计算公式如下:

$$R=\frac{W_1-W_0}{W_0}\times 100\%$$

这个计算公式有一个缺点,因为只以始重为基础,没有考虑到两次测定时间中新形成的部分。实际上,新形成部分(可能除脂肪组织外)也是积极参与个体生长发育过程的。如两次测定的间隔短,问题还不突出;若间隔时间长,所得结果必然偏差较大。因此可改用如下公式:

$$R=\frac{W_1-W_0}{\frac{W_1+W_0}{2}}\times 100\%$$

例如上述荷斯坦奶牛，在生后最初一个月中的相对生长，按公式计算为：

$$R=\frac{55-40}{40}\times100\%=37.5\%$$

如果把各时期的相对生长值做成相对生长曲线，可以看出相对生长是随年龄而下降的，幼年时生长发育最强烈，成年后趋于稳定，甚至接近零。

(四)生长系数

即开始时和结束时测定的累积生长值的比率，也即末重占始重的百分率。它也是表示生长强度的一种指标，以 C 表示。计算公式为：

$$C=\frac{W_1}{W_0}\times100\%$$

如果为了进一步研究个别组织器官生长和全部组织器官生长之间的关系，此时可通过相对生长系数的计算来说明：

$$\text{相对生长系数}=\frac{\text{个别器官的生长系数}(C)}{\text{全部器官的生长系数}(C')}\times100\%$$

例如，来航鸡 1 周龄时其心脏重为 0.515 g。全部器官的总重为 9.916 g。5 周龄时，其心脏重为 1.515 g，全部器官的总重为 32.62 g。则：

$$\text{心脏生长系数}(C)=\frac{1.515}{0.515}=2.94$$

$$\text{全部器官生长系数}(C')=\frac{32.62}{9.916}=3.29$$

$$\text{相对生长系数}=\frac{2.94}{3.29}\times100\%=89\%$$

来航鸡在 5 周龄时，其心脏增加重量为初生时的 2.94 倍，而与全部器官的同期增重相比，其相对生长系数为 89%。

(五)生长加倍次数

在计算生长系数时，一般习惯于以初生时的累积生长值为基准。但当它与结束时的累积生长值相差过大时，往往改用生长加倍次数(n)，来表示其生长强度，公式为：

$$W_1=W_0\times2^n$$

实际运用时，应采用以下公式：

$$n=\frac{\lg W_1-\lg W_0}{\lg2}$$

(六)分化生长

整个机体各组织的生长速率，是不可能完全一致的。因此当机体某一部位的生长和另一部位的生长之间存在着快慢差别时，通常会导致表型性状的变化。若把胚胎的形状与成年个体的体型比较，就更可明显地说明。当然，每种家畜不同部位的生长是有其特定比例的，但它们之间又是协调与相关的。为进一步研究家畜部分与整体的生长关系，提出分化生长的计算。

分化生长又称相关生长或异速生长，是指家畜个别部分与整体相对生长间的相互关系。其计算公式为：

$$Y=bx^{a}$$

式中：Y 代表所研究的器官或部分的重量和大小；

x 代表整体减去被研究器官后的重量和大小；

a 代表被研究器官的相对生长和整个机体相对生长之间的比率，即分化生长率；

b 代表所研究器官或部位的相对重量和大小，为一常数。

在实际应用上，a 的数值只能根据 2 次或 2 次以上的测定资料才能求得。

$$a=\frac{\lg Y_2-\lg Y_1}{\lg x_2-\lg x_1}$$

例：牛前肢骨骼生长发育的材料如下，求 a。

g

生长时期	肩胛骨重	前肢骨重
2.5 月龄	223.4	1 729.1
成年	807.3	4 120.7

解：$Y_1=223.4$ g，$Y_2=807.3$ g

$x_1=1\ 729.1-223.4=1\ 505.7$ g，$x_2=4\ 120.7-807.3=3\ 313.4$ g

$$a=\frac{\lg 807.3-\lg 223.4}{\lg 3\ 313.4-\lg 1\ 505.7}=\frac{0.558\ 0}{0.342\ 7}=1.63$$

说明肩胛骨在前肢诸骨中是最晚熟的部位。

五、作业与思考

(1)根据表 2-1 资料，依次计算各月龄时的绝对生长和相对生长。

表 2-1 短角公牛各月龄的体重、日增重和相对生长

月龄	头数	平均体重(kg)	日增重(g)	相对生长(%)	月龄	头数	平均体重(kg)	日增重(g)	相对生长(%)
初生	55	35			9	31	266	811	38
1	25	57			12	20	338	800	27
2	21	82			18	17	446	600	32
3	26	102			24	12	580	745	30.2
4	29	135			36	6	749	470	29.1
5	32	161			48	3	833	233	11.2
6	37	193							

(2)根据表 2-2 资料,计算生长系数和相对生长系数,然后用文字分析其生后器官生长发育的不平衡性。

表 2-2　来航母鸡重要内脏器官在不同时期的生长情况

周龄	器官重					
	卵巢	心脏	肺脏	肝脏	小肠	全部器官
1	0.02	0.52	0.45	2.14	2.09	5.49
29	0.14	5.98	6.86	40.46	37.50	98.94

(3)根据表 2-3 资料,计算前肢各骨的分化生长,并分析其生长发育的不平衡性。

表 2-3　牛的前肢骨骼重量　g

骨骼名称	2.5 月龄时重量	成年时重量
前肢骨骼	1 729.1	4 120.7
肩胛骨	223.4	807.3
上膊骨	482.2	1 080.0
前膊骨	106.6	147.3
管骨	241.6	325.6
指骨	263.4	996.3

实验三　质量性状选择进展的评定

质量性状的遗传是由一对或少数几对基因控制的，对质量性状选择的基本工作是对特定基因型的判别。判别方法除有表型分析、系谱分析外，必要时还需组织测交实验，以期基因型出现更典型的分离，然后再进一步作系统分析。选择并不产生新的基因，但它能提高被选择基因的频率，并减少被淘汰基因的频率，以期获得较快的遗传进展。

一、实验目的

(1)理解隐性基因的选择、显性基因的选择、杂合子的选择以及伴性基因的选择原理。

(2)掌握各种选择情况下不同世代所取得的进展以及由此而应进一步采取的育种措施。

二、实验内容

(1)对隐性基因的选择：对隐性基因的选择一般采取逐步选择隐性基因的方法，即对显性基因逐步淘汰。育种者应在每一世代选择时了解群体内基因频率和基因型频率的动态来对选择进展进行评定。

(2)对显性基因的选择：

①根据表型淘汰隐性纯合子。

②根据测交鉴定杂合子。

(3)对杂合子的选择：由于杂合子不能真实遗传，后代要发生分离，所以选种时一般都不选留杂合子。但有时两种纯合子在自然选择下都不利，或在人工选择下都不理想，均受到一定程度的淘汰。在畜牧业中，如卡拉库尔羊中银灰色羔皮较为名贵，银灰与黑色主要受一对基因影响，银灰为显性，但银灰纯合子致死，因此要繁殖银灰色卡拉库尔羊，只能代代选择杂合子。

(4)对伴性基因的选择：目前对伴性基因的选择，应用较多的是选育出伴性快慢羽品种或品系，利用他们之间的杂交来鉴别初生雏性别。

三、实验仪器与材料

计算器。

四、实验原理与方法

(一)对隐性基因的选择

对隐性基因的选择实际上是对显性基因的淘汰过程。若显性基因的外显率是100%，而且杂合子与显性纯合子的表型相同时，则可以通过表型鉴别，一次性地将显性基因全部淘汰。但是在育种实践中，育种目标往往是多性状综合性的，而且主要的育种目标性状是有经济意义的数量性状，所以一般采取逐步选择隐性基因的方法。为便于阐明，以最简单的一对基因控制的性状为例来说明其选择原理：设一对等位基因，其基因型为 AA，Aa，aa。A 对 a 完全显性。AA 和 Aa 表型相同，均表现为显性表型。设原始基因频率：$D=p^2$，$H=2pq$，$R=q^2$。淘汰率为 S，$1-S$ 即为留种率。隐性基因的选择模式见表 3-1。

表 3-1　隐性基因的选择模式

基因型	AA	Aa	aa
原始基因频率	p^2	$2pq$	q^2
留种率	$1-S$	$1-S$	1
选择后基因型频率	$\frac{p^2(1-S)}{1-S(1-q^2)}$	$\frac{2pq(1-S)}{1-S(1-q^2)}$	$\frac{q^2}{1-S(1-q^2)}$

$$选择后基因型频率=\frac{原始基因型频率\times留种率}{\sum(原始基因型频率\times留种率)}$$

设选择后的基因型频率分别为 D'、H'、R'。

下一代的基因频率(q_1)即选择后的基因频率：

$$\begin{aligned}q_1&=\frac{1}{2}H'+R'\\&=\frac{1}{2}\times\frac{2pq(1-S)}{1-S(1-q^2)}+\frac{q^2}{1-S(1-q^2)}\\&=\frac{q-S(q-q^2)}{1-S(1-q^2)}\end{aligned}$$

例如，在一个 100 头牛的牛群中，有角牛 81 头(隐性纯合子)，无角牛 19 头(包括杂合子和显性纯合子)。角的隐性基因频率 $q=\sqrt{R}=\sqrt{0.81}=0.9$，显性基因的频率 $p=1-0.9=0.1$。无角牛 19 头中杂合子 18 头($H=2pq=2\times0.1\times0.9=0.18$)，纯合子 1 头($D=p^2=0.01$)。要想建立一个有角牛群，但又由于某种原因不能全部淘汰无角牛，只能部分淘汰，设淘汰率 $S=50\%$，则经过一代选择后隐性基因的频率为：

$$q_1=\frac{q-S(q-q^2)}{1-S(1-q^2)}=\frac{0.9-0.5(0.9-0.81)}{1-0.5(1-0.81)}=0.945$$

经过选择，隐性基因频率增加了 $q_1-q=0.945-0.9=0.045$。

经过这样的一代选择，如每头牛生一个后代，下一代中有角牛就将有 89 头。

(二)对显性基因的选择

1. *根据表型淘汰隐性个体*

根据表型淘汰所有隐性个体，其隐性基因频率的变化：

$$F_n=\frac{F_0}{1+(N\times F_0)}$$

式中：F_n 为在所有纯合隐性个体被淘汰 n 代后，隐性基因的频率；F_0 为淘汰纯合隐性个体前隐性基因的频率；N 为淘汰隐性纯合个体的代数。

由公式可以看出开始能较快地降低群体中隐性基因的频率，但这一下降趋势将逐渐变缓，而且很难将其降低到零。因此单独根据表型淘汰隐性基因几乎不可能将隐性基因从群体中完全清除，除非设法将显性杂合个体也同时检出。

2. 通过测交鉴定显性杂合个体

一个表型是显性的个体，已知它的双亲之一或者后代之一是纯合隐性个体，那么它一定是一个杂合体。若无此种情况，就用以下几种方法进行测交，这几种方法的检测原理大同小异，下面仅就第一种方法作详述。

（1）与配母畜为隐性纯合个体。设一头公畜为隐性基因的可疑携带者，当其与隐性纯合母畜交配时，即 $Aa \times aa$，其后代中只要发现隐性纯合个体，即可断定这头公畜是隐性基因携带者。但其后代中即使未出现隐性纯合个体，也不能轻易得出这头公畜不是携带者的结论。当公畜产生一个后代时，应有 1/2 概率是表现携带显性基因的表型，产生 n 个后代时 n 个后代全是显性个体的概率是 $(1/2)^n$，也可以说，在后代中观察到至少一个隐性纯合表型的概率（P）为：

$$P = 1 - \left(\frac{1}{2}\right)^n$$

例如，假设一头公畜通过测交得到 6 个后代，那么这些后代中观察到至少一个隐性纯合表型的概率 $P = 1 - (1/2)^6 = 0.984$，有 98.4％的可能，在其后代中至少有一个是隐性纯合表型，即有 98.4％的可能该公畜是杂合体。而仅有 1.6％的可能 6 个后代都表现显性表型，由此而导致对杂合公畜的错误判断。

（2）与配母畜为已知隐性基因携带者。假设测试公畜的为杂合子，则通过 $Aa \times Aa$ 这种交配方式，一个后代的基因型为 $A\_$ 的概率是 3/4。产生 n 个后代时 n 个后代全是显性个体的概率是 $(3/4)^n$，也可以说，在后代中观察到至少一个隐性纯合表型的概率（P）为：

$$P = 1 - \left(\frac{3}{4}\right)^n$$

（3）与配母畜为已知携带者的女儿。

（4）与配母畜为被测公畜自己的女儿。

（5）与一母畜群随机交配。

（6）多胎畜种的测交。

（三）对杂合子的选择

在对杂合子选择时，群体中基因频率变化如下：设一原始群体基因型频率为：$D = p^2$，$H = 2pq$，$R = q^2$，并设 AA 的淘汰率为 S_1，aa 的淘汰率为 S_2，于是就可得到表 3-2。

表 3-2 杂合子的选择模式

基因型	AA	Aa	aa	总和
原始基因频率	p^2	$2pq$	q^2	1
留种率	$1-S_1$	1	$1-S_2$	
选择后基因型频率	$\frac{p^2(1-S_1)}{1-S_1p^2-S_2q^2}$	$\frac{2pq}{1-S_1p^2-S_2q^2}$	$\frac{q^2(1-S_2)}{1-S_1p^2-S_2q^2}$	

下一代隐性基因的频率：

$$q_1=\frac{pq+q^2(1-S_2)}{1-S_1p^2-S_2q^2}=\frac{q(1-S_2q)}{1-S_1p^2-S_2q^2}$$

杂合子选择时基因频率朝向中间趋于平衡。所谓平衡，也就是说基因频率不再变化，下一代基因频率就等于上一代的基因频率。在这里

$$q_1=q$$

$$\frac{q(1-S_2q)}{1-S_1p^2-S_2q^2}=q$$

$$1-S_2q=1-S_1p^2-S_2q^2$$

$$q=\frac{S_1}{S_1+S_2} \qquad p=\frac{S_2}{S_1+S_2}$$

由此可见，平衡时的基因频率完全取决于纯合子的淘汰率。例如在卡拉库尔羊中选择银灰色羔羊留种，黑色羔羊一只不留，银灰色纯合子也都致死，这样无论其原始基因频率如何，下一代的基因频率 $p=q=0.5$。如果每代都是这样选择，则每代都可以得到 50% 的银灰色羔羊。若不计死羔，则银灰色与黑色羔的比例每代可望为 2∶1。

(四)对伴性基因的选择

在畜禽中，性别一般决定于性染色体。在性染色体上，除了有决定性别的基因外，还存在着控制其他一些性状的基因。凡受这些基因决定的性状，总是伴随着性别而遗传，所以叫伴性遗传。遗传学研究表明，绝大部分的伴性基因仅被携带在一条性染色体上，即哺乳动物的 X 染色体或鸟类的 Z 染色体上，而且伴性基因所决定的多是表型等级分明的质量性状。因此，对某一伴性基因的判别和选择，主要通过对个体的表型辨别来实现。

目前，在家禽生产中较好地应用了伴性基因，尤其是在养鸡业生产中的应用取得了很大的进展。例如利用鸡的快慢羽伴性遗传方式建立起来的鸡的自别雌雄品系。快羽型鸡种的伴性快羽受隐性基因控制，当出雏时主翼羽的羽轴已经发育很好，副翼羽也至少长出 6 对。慢羽型鸡种的伴性快羽受显性基因控制，出雏时主翼羽的羽轴发育很差，副翼羽几乎尚未长出。其原理如下：

亲代基因型	Z^kZ^k ♂	×	Z^KW ♀
亲代表型	快羽	↓	慢羽
子代基因型	Z^KZ^k ♂		Z^kW ♀
子代表型	慢羽		快羽

根据快慢羽基因的伴性遗传规律，在鸡育种中可以选育羽速自别配套系。对伴性基因选择除应用于性别鉴定外，在鸡的育种中还有其他很多方面的应用。

五、作业与思考

(1)在对隐性基因的选择中所提及的有角牛和无角牛的例子里，计算一下经过多少代的选择，隐性基因的频率可达 99%。

(2)假如一个牛群某一位点为隐性纯合时就表现侏儒症，且侏儒基因原始频率较高，那么采取何种育种措施才能将侏儒基因彻底清除？

实验四　数量性状选择进展的评定

数量性状一般受微效多基因控制，基因比较复杂，因而要像对质量性状那样，针对某一基因进行选择，是不易做到的。数量性状必须应用生物统计和数量遗传学的原理，从性状的表型值中排除环境的影响，而根据多基因的加性效应——育种值和正态分布原理来合理地选择和预估选择效果。

一、实验目的

（1）掌握直接选择情况下数量性状选择进展的计算方法，使学生进一步领会影响选择进展的主要因素以及直接选择的应用条件。

（2）了解间接选择情况下数量性状选择进展的估计以及间接选择的应用条件。

二、实验内容

（1）直接选择情况下数量性状选择进展的计算方法。

（2）间接选择情况下数量性状选择进展的计算方法。

三、实验仪器与材料

计算器。

四、实验原理与方法

（一）直接选择

对于数量性状，由于选择，使选留个体的平均表型值不同于原始群体均值，选留个体的均值与群体均值之差，称为选择差（S），选择差表示的是被选留种畜所具有的表型优势。其公式为：

$$S = P - \overline{P}$$

由于选择而使下一代产生的反应称为选择反应（R）。它是指通过人工选择，在一定时间内，使得选留个体的子女的平均表型值也不同于原始群体均值。选择反应表示的是性状向着育种目标方向改进的程度。其公式为：

$$R = Sh^2$$

由上式可知，若仅根据个体的生产性能记录进行直接选择时，则预期可获得的选择反应等于性状遗传力与选择差之积。选择效果是依选择反应的大小来衡量的，代表了被选留种畜所具有的遗传优势。

不同性状由于单位不同，他们的选择差之间不能相互比较。为了便于比较，可都以各自的标准差为单位，这种标准化的选择差称为选择强度(i)。即：

$$i=S/\sigma$$

于是有

$$R=i\sigma h^2$$

因此，只要知道遗传力和选择差，或者知道遗传力、标准差和选择强度，就可算出选择反应。

在讨论选择原理时，还将平均每年的选择反应，即选择反应除以平均世代间隔(G_I)，称为年改进量，用 ΔG 表示。

$$\Delta G=R/G_I$$

数量性状的表型值在群体中的分布一般呈正态分布。正态分布曲线下相当于留种个体部分的面积与截点处的纵高以及标准离均差之间都有一定关系。利用这一正态分布原理可进行合理的选择和预估选择效果。

选择差经标准化以后，就可以利用正态分布原理，从留种率得到估计。根据正态分布原理：

i 代表选择强度；

Z 代表截点处纵高；

P 代表截点右侧正态曲线下面积，即留种率。

$$i=Z/P$$

由留种率估计选择强度可通过统计用表进行。留种率与选择强度的关系见表 4-1。

表 4-1 留种率与选择强度的关系

留种率(%)	90	80	70	60	50	40	30	20	10	5	1
选择强度(i)	0.195	0.350	0.497	0.644	0.798	0.967	1.159	1.400	1.755	2.064	2.660

例题 1：一个猪群母猪 180 天体重的标准差为 10.6 kg，遗传力为 0.25，我们决定留种 40%，那么下一代可期望这个性状平均能提高多少？

查上表当 $P=40\%$时，$i=0.967$，代入公式，求出选择反应为：

$$R=i\sigma h^2=0.967\times10.6\times0.25=2.56\ \text{kg}$$

即下一代猪群 180 天平均体重可望比这一代同一性状的全群平均值提高 2.56 kg。

在实际预估时，由于公母畜留种率相差很大，每头公畜的配种数也不一样，因此必须分别计算来自公畜和母畜的选择反应，然后平均计算整个群体的选择反应。

在预估来自公畜的选择反应时，由于公畜的留种率一般都很小，如果用留种率来估计选择强度往往误差较大。因此最好直接用选择差来计算选择反应。由于每头公畜的配种数不同，因而对后裔群体均值的影响也各不相同，因此应分别按其预定的配种数进行加权，求得平均选择差。

例题 2:我们预计留 3 头公猪做种用,其 180 天体重的选择差分别为 20 kg、15 kg、10 kg。预定第一头公猪配种 60%,其余 2 头各配种 20%。求下一代群体的平均选择反应。

公猪的平均选择差 $S=20\times0.6+15\times0.2+10\times0.2=17$ kg

公猪的选择反应 $R=17\times0.25=4.25$ kg

来自公、母畜的平均选择反应是

$$\bar{R}=\frac{4.25+2.56}{2}=3.41 \text{ kg}$$

这样估计得来的选择反应是该性状在一个世代中的改进量,但一般制订育种计划时往往以年为单位,因此还要进一步换算成年改进量。假定本群猪的平均世代间隔为 1.5 年,则

$$\text{年改进量}\quad \Delta G=R/G_I=3.41/1.5=2.27 \text{ kg}$$

即预计该群猪的 180 天平均体重可望每年提高 2.27 kg。

(二)间接选择

所谓间接选择,是由于性状之间存在相关性,通过对另一性状的选择,来间接选择所要改良的某个性状的选择方法。

当所要改良的某个性状遗传力很低,或难以精确度量,或在活体上不能度量,或在某种性别不能表现,都可以考虑采用间接选择。在这个时候,就需要找一个与改良的性状 x 有高度的遗传相关,而且本身的遗传力又很高的辅助性状 y,这样才可通过对 y 的选择来间接提高 x 性状。如果辅助性状能在幼年时期度量,则还可针对所要改进的性状进行早期选种。

为了知道间接选择的效果,就需要推导出间接选择反应的公式。设 x 性状随 y 性状的提高而提高,则 x 性状的间接选择反应式是:

$$CR_x=b_{A_{(xy)}}R_y$$

而 x 性状对 y 性状的遗传回归系数:

$$b_{A_{(xy)}}=r_{A_{(xy)}}\sigma_{A_{(x)}}/\sigma_{A_y}=r_{A_{(xy)}}h_x\sigma_x/h_y\sigma_y$$

y 性状的直接选择反应是:$R_y=i_y\sigma_y h_y^2$

所以,

$$\begin{aligned}CR_x&=b_{A_{(xy)}}R_y\\&=r_{A_{(xy)}}h_x\sigma_x/(h_y\sigma_y)i_y\sigma_y h_y^2\\&=r_{A_{(xy)}}h_x\sigma_x i_y h_y\end{aligned}$$

设 R_x 是 x 性状的直接选择反应,则间接选择与直接选择的效果相比就是:

$$CR_x/R_x=r_{A_{(xy)}}h_x\sigma_x i_y h_y/i_x\sigma_x h_x^2=r_{A_{(xy)}}i_y h_y/i_x h_x$$

因而,要使间接选择优于直接选择的条件是:在选择强度相等($i_x=i_y$)的情况下,两个性状有高的遗传相关($r_{A_{(xy)}}$),而且辅助性状有高的遗传力(h_y^2),即 $r_{A_{(xy)}}h_y>h_x$;或者对辅助性状可以施加高得多的选择强度(i_y),而使 $r_{A_{(xy)}}i_y h_y>i_x h_x$。

当然,如果能直接选择和间接选择两种方法并用,那么选择进展,无疑会大于任何单一的方法。间接选择在家畜育种工作中有着广阔的应用前景,尤其是应用于早期选择。

例题 3:已知猪的胴体出肉量的遗传力为 0.20,眼肌面积的遗传力为 0.48,两个性状的遗传相关系数为 0.70,那么两性状的选择差都为 1.6,选择强度都为 0.8 时,求直接选择反应和间接选择反应各是多少?如果眼肌面积的选择强度提高为 1.4 时,情况又怎样?

设胴体出肉量为性状 x,眼肌面积为性状 y,则

$$R_x = i_x \sigma_x h_x^2 = 0.8 \times 1.6 \times 0.2 = 0.256$$

$$CR_x = \frac{r_{A(xy)} i_y h_y}{i_x h_y} = \frac{0.70 \times 0.80 \times \sqrt{0.48}}{0.8 \times \sqrt{0.20}} = 1.08$$

可见,当 $i_x = i_y = 0.8$ 时,间接选择反应大于直接选择反应,即选择效果优于直接选择。

当 $i_x = 0.8, i_y = 1.4$ 时,则

$$R_x = i_x \sigma_x h_x^2 = 0.8 \times 1.6 \times 0.2 = 0.256$$

$$CR_x = \frac{r_{A(xy)} i_y h_y}{i_x h_y} = \frac{0.70 \times 1.4 \times \sqrt{0.48}}{0.8 \times \sqrt{0.20}} = 1.90$$

说明提高辅助性状的选择强度,能进一步加大间接选择反应。

五、作业与思考

(1)一群成年昆明小鼠平均尾长 60 mm,选择尾长为 65 mm 以上的个体留种,已知该性状的遗传力为 0.3,经过一代选择,请预估下一代小鼠群体的平均尾长是多少?

(2)一个猪群中,公猪的平均日增重是 0.89 kg,母猪的平均日增重是 0.79 kg。假定选留的公猪平均日增重为 1.00 kg,母猪为 0.85 kg,那么:

①两性别平均的选择差是多大?

②如果环境条件不变,日增重的遗传力是 0.3,所选留的双亲产生的子代日增重是多少?

③猪背膘厚的遗传力为 0.4,所选种猪群进行活体探针测膘,每代的选择差为 0.25 cm,猪的世代间隔为 1.5 年,欲使背膘厚度下降 1 cm 要多少时间?

④在一个奶牛群中,每年要选择种母牛。选择的性状为母牛头胎产奶性能。设每年对该群体的 30 000 头头胎母牛进行生产性能测定,经育种值估计,从中选择一般种母牛 18 500 头,种子母牛 1 450 头,两群体的选择差分别为 $\sigma_1 = 600$ kg,$\sigma_2 = 300$ kg,请计算两组牛的留种率、选择强度和选择反应,并说明造成选择反应差异的原因。

实验五　单性状选择方法

一、实验目的

(1)了解个体选择、家系选择、家系内选择和合并选择的具体原理、方法和应用。

(2)掌握个体选择、家系选择、家系内选择和合并选择的应用及其应用条件。

二、实验内容

(1)个体选择。

(2)家系选择。

(3)家系内选择。

(4)合并选择。

三、实验仪器与材料

电脑或计算器。

四、实验原理与方法

个体的表型值可剖分为 2 个组分，即个体所在的家系均值 P_f 和个体表型值与家系均值之差($P_i - P_f$)，也称为家系内偏差，用 P_W 表示，因此，个体表型值、家系均值和家系内偏差三者之间有以下关系式：

$$P_i = P_f + P_W$$

如果对上式中 2 个组分分别给予加权，合并为一个指数 I 的话，则有公式为：

$$I = b_f P_f + b_W P_W$$

(一)个体选择

也称为大群选择，是根据个体本身性状表型值的高低进行选择。当 $b_f = b_W = 1$ 时，则有 $I = P_f + P_W$，即是个体选择。

(二)家系选择

以整个家系为一个选择单位，只根据家系均值的大小决定个体的去留，当 $b_f = 1, b_W = 0$ 时，则有 $I = P_f$，即是家系选择。

(三)家系内选择

在稳定的群体结构下，不考虑家系均值的大小，只根据个体表型值与家系均值的偏差来选择，当 $b_f=0$，$b_W=1$ 时，则有 $I=P_W$，即是家系内选择。

(四)合并选择

同时使用家系均值和家系内偏差 2 种信息，根据性状遗传力和家系内表型相关，分别对 2 种信息进行不同的加权，合并为一个指数 I，即当 $b_f\neq 0$，$b_W\neq 0$ 时，便是合并选择。

$$I=b_fP_f+b_WP_W \tag{5-1}$$

这里，I 是对 P_W 和 P_f 加权后的指数；b_W 是家系内离差的遗传力；b_f 是家系均值的遗传力。可以证明：

$$b_W=h^2\frac{1-r}{1-t} \tag{5-2}$$

$$b_f=h^2\frac{1+(n-1)r}{1+(n-1)t} \tag{5-3}$$

式中：h^2 是性状的遗传力；r 是家系成员间的亲缘相关，全同胞家系 $r=0.5$，半同胞家系 $r=0.25$；t 是家系成员间的表型(组内)相关；n 为家系成员数。

对公式(5-1)作恒等变形：

$$\begin{aligned}I&=b_WP_W+b_fP_f\\&=b_WP_W+b_WP_f+b_fP_f-b_WP_f\\&=b_W(P_W+P_f)+(b_f-b_W)P_f\end{aligned}$$

由于 $$P_W+P_f=P$$

∴ $$I=b_WP+(b_f-b_W)P_f$$

或
$$\begin{aligned}\frac{I}{b_W}&=P+\left(\frac{b_f}{b_W}-1\right)P_f\\&=P+\left\{\left[h^2\frac{1-(n-1)r}{1+(n-1)t}/h^2\frac{1-r}{1-t}\right]-1\right\}P_f\\&=P+\left[\frac{1+(n-1)r}{1-(n-1)t}\cdot\frac{1-t}{1-r}-1\right]P_f\\&=P+\frac{[1+(n-1)r](1-t)-[1+(n-1)t](1-r)}{[1+(n-1)t](1-r)}P_f\\&=P+\left[\frac{r-t}{1-r}\cdot\frac{n}{1+(n-1)t}\right]P_f\end{aligned}$$

设 $$I'=\frac{I}{b_W}$$

则 $$I'=P+\left[\frac{r-t}{1-r}\cdot\frac{n}{1+(n-1)t}\right]P_f \tag{5-4}$$

这里，I'是合并选择指数，它可以看成是对个体表型值的一种校正，而校正项则是由于考虑家系均值所得的。用方差分析法求出 t 值后，代入公式(5-4)即可算出 I'。

现举例说明上述 4 种选择方法，对同一资料的不同选择结果。表 5-1 中的数值是仔猪 180 日龄的体重，要求选出其中最好的 4 头留种（A、B、C……代表个体）。

表 5-1　4 窝仔猪 180 日龄体重资料

家系（窝）	个体 180 日龄体重（kg）								家系均值
1	A	80.0	B	85.0	C	93.5	D	106.5	$\overline{X}_1=91.5$
2	E	79.0	F	99.5	G	105.0	H	114.5	$\overline{X}_2=99.5$
3	I	56.5	J	60.0	K	65.0	L	118.5	$\overline{X}_3=75.0$
4	M	87.0	N	90.0	O	95.5	P	103.5	$\overline{X}_4=94.0$
									$\overline{X}=90.0$

如果根据个体选择，选留的是 L、H、D、G，因为它们个体值最高；如果根据家系选择，选留的是 E、F、G、H，因为它们的家系均值最高；根据家系内选择，选留的是 D、H、L、P，因为它们是每个家系中个体值最高者。在上述 3 种方法中 H 都是被选留的对象，G 也可能被留下。问题在于如何选留 F、P、D 和 L，因为 F 和 P 的家系均值高而个体值较低；D 和 L 的个体值较高而家系均值低。在这种情况下，就有必要采用合并选择。

计算合并选择指数，需要先求得家系内个体间的表型相关系数 t。由组内相关公式：

$$t=\frac{M_B-M_W}{M_B+(n-1)M_W} \tag{5-5}$$

式中：M_B 是家系间均方；M_W 是家系内均方。

$$M_B=4\left[\frac{(91.5-90)^2+(99.5-90)^2+(75.0-90)^2+(94.0-90)^2}{4-1}\right]=444.67$$

$$M_W=\frac{(80-91.5)^2+(86-91.5)^2+(93.5-91.5)^2+(106.5-91.5)^2}{3\times4}+$$

$$\frac{(79-99.5)^2+(99.5-99.5)^2+(105-99.5)^2+(114.5-99.5)^2}{3\times4}+$$

$$\frac{(56.5-75)^2+(60-75)^2+(65-75)^2+(118.5-75)^2}{3\times4}+$$

$$\frac{(87-94)^2+(90-94)^4+(95.5-94)^2+(103.5-94)^2}{3\times4}=315.33$$

$$\therefore \qquad t=\frac{444.67-315.33}{444.67+(4-1)\times315.33}=0.09$$

代入公式（5-4），得：

$$I=P+\left[\frac{0.5-0.09}{1-0.5}\times\frac{4}{1-(4-1)\times0.09}\right]P_f=P+2.58P_f$$

为了实际应用时的方便，P 也可直接用个体表型值代入。校正后的 D、F、L、P 值分别为：

D＝106.5＋2.58×91.5＝342.57

F＝99.5＋2.58×99.5＝356.21

L＝118.5＋2.58×75＝312.00

P＝103.5＋2.58×94＝346.02

因而在这4头猪中，F虽然本身体重较轻，但由于家系均值高，可以认为最好；L本身值虽然最高，但家系均值过低，实际不好。至于D与P，校正前D比P好，但因家系均值D比P要低，故校正后P反而比D好，因此留种时留P而不留D。所以，如留4头，除G与H外，应当留下F和P。不经这样的计算，就很难确定去留。

五、作业与思考

表5-2给出了5头母猪(家系)各有5头6月龄仔猪的体重，若选留5头仔猪，请问分别采用个体选择、家系选择、家系内选择和合并选择，各将会留下哪些仔猪？

表5-2　5个家系6月龄仔猪的个体重及其平均成绩

家系(窝)	个体6月龄体重(kg)										家系均值
1	A	105	B	95	C	80	D	75	E	70	$\overline{X}_1=85$
2	F	85	G	80	H	70	I	60	J	55	$\overline{X}_2=70$
3	K	105	L	90	M	80	N	65	O	60	$\overline{X}_3=80$
4	P	110	Q	105	R	100	S	85	T	75	$\overline{X}_4=95$
5	U	85	V	80	W	75	X	70	Y	65	$\overline{X}_5=75$
											$\overline{X}=81$

实验六　综合选择指数的制订

综合选择指数的制订涉及遗传力、表型方差、经济加权值、表型相关、遗传相关等方面的知识，是一个系统性较强的综合育种措施。适用于对多性状的选择，选择效率、准确率都较高，因此自该方法提出以后即被广泛地应用于家畜育种改良实践，并取得了相当大的成就。

一、实验目的

(1)了解综合选择指数制订的原理及选择指数和与育种值的关系。

(2)能够根据多性状资料制订畜禽个体的综合选择指数。

二、实验内容

(1)综合选择指数制订的原理。

(2)选择指数制订效果的度量。

(3)选择指数制订的方法。

(4)制订选择指数应注意的事项。

三、实验仪器与材料

计算器、计算机。

四、实验原理与方法

(一)综合选择指数制订的原理

对于多性状选择，需要尽量准确地估计出个体这些多性状的一个综合育种值，并依据它进行选种，以期获得最佳的选择效果。由于不同性状在育种上和经济上的重要性差异，实际的育种目标对各性状的选育提高要求是不一致的，这些差异一般就用性状经济加权值表示。

假设需要选择提高的性状有 n 个，每一个性状的育种值为 a_1、a_2、…、a_n，这些性状称为目标性状。相应的经济加权值为 w_1、w_2、…、w_n。因此综合育种值如下定义：

$$H=\sum_{i=1}^{n} w_i a_i=\boldsymbol{w}\boldsymbol{a}' \tag{6-1}$$

其中：　$\boldsymbol{w}'=[w_1 w_2 \cdots w_n]$，$\boldsymbol{a}'=[a_1 a_2 \cdots a_n]$

最简单的方法是建立一个信息性状的线性函数 I，即选择指数来估计综合育种值 H，即：

$$I=\sum_{i=1}^{m} b_i X_i=\boldsymbol{b}'\boldsymbol{X} \tag{6-2}$$

其中：
$$\boldsymbol{X}'=[X_1X_2\cdots X_n],\boldsymbol{b}'=[b_1b_2\cdots b_n]$$

多性状选择的目的就是要获得一个指数 I，用它估计综合育种值 H，从而获得最大的综合育种值进展 ΔH。利用求最大值的方法得到多元正规方程组：

$$\boldsymbol{Pb}=\boldsymbol{DAw} \text{ 或 } \boldsymbol{b}=\boldsymbol{P}^{-1}\boldsymbol{DAw} \tag{6-3}$$

其中，$\boldsymbol{P}$ 是信息性状表型值之间的方差-协方差矩阵；$\boldsymbol{A}$ 是各信息性状与目标性状育种值之间的协方差矩阵；$\boldsymbol{D}$ 是提供每一信息性状表型值的个体与被估计个体间的亲缘相关对角矩阵，其具体形式为：

$$\boldsymbol{P}=\begin{bmatrix}\cdots & \cdots & \cdots & \cdots & \cdots\\ \cdots & \sigma^2_{P_i} & \cdots & \mathrm{Cov}_{\boldsymbol{P}_{(i,j)}} & \cdots\\ \cdots & \cdots & \cdots & \cdots & \cdots\\ \cdots & \mathrm{Cov}_{\boldsymbol{P}_{(i,j)}} & \cdots & \sigma^2_{P_j} & \cdots\\ \cdots & \cdots & \cdots & \cdots & \cdots\end{bmatrix}$$

$$\boldsymbol{A}=\begin{bmatrix}\cdots & \cdots & \cdots & \cdots & \cdots\\ \cdots & \mathrm{Cov}_{A_{(i,k)}} & \cdots & \mathrm{Cov}_{\boldsymbol{A}_{(i,l)}} & \cdots\\ \cdots & \cdots & \cdots & \cdots & \cdots\\ \cdots & \mathrm{Cov}_{\boldsymbol{A}_{(j,k)}} & \cdots & \mathrm{Cov}_{\boldsymbol{A}_{(j,l)}} & \cdots\\ \cdots & \cdots & \cdots & \cdots & \cdots\end{bmatrix}$$

$\boldsymbol{P}$ 中的对角线元素为信息性状表型值的方差，非对角线元素为各个信息性状表型值间的协方差，$\boldsymbol{A}$ 中的元素 $\mathrm{Cov}_{A_{(i,k)}}$ 为第 i 个信息性状与第 k 个目标性状间的育种值协方差，余类推。

(二)选择指数制订效果的度量

1. 综合育种值估计准确度

它是选择指数与综合育种值的复相关系数，计算公式如下：

$$r_{HI}=\frac{\mathrm{Cov}(H,I)}{\sigma_H\sigma_I}=\frac{\sigma_I}{\sigma_H}=\sqrt{\frac{\boldsymbol{b}'\boldsymbol{DAw}}{\boldsymbol{w}'\boldsymbol{Gw}}} \tag{6-4}$$

这里，$\boldsymbol{G}$ 表示目标性状间育种值方差-协方差矩阵。

2. 综合育种值选择进展

它度量在给定选择强度(i)的情况下，利用综合选择指数进行选择预期可以获得的综合育种值改进量。当所有个体都有相同的信息来源，即对所有个体 r_{HI} 为常量，群体的综合育种值选择进展为：

$$\Delta H=ir_{HI}\sigma_H=i\sigma_I=i\sqrt{\boldsymbol{b}'\boldsymbol{DAw}} \tag{6-5}$$

3. 各性状育种值选择进展

在育种中，除了要知道综合育种值进展外，还需要了解每一个目标性状的遗传进展如何，可以得到其计算公式为：

$$\Delta a' = \frac{i\boldsymbol{b'A}}{\sigma_I} = \frac{i\boldsymbol{b'DA}}{\sqrt{\boldsymbol{b'DAw}}} \tag{6-6}$$

4. 指数的遗传力

指数表型值 $\boldsymbol{b'}_x$ 可剖分出两部分，即 $\boldsymbol{b'}_a + \boldsymbol{b'}_e$，将多个育种值的一个线性组合 $\boldsymbol{b'}_a$ 看作为一个“遗传集团”，也可称为遗传指数，记为 $\boldsymbol{I}_a = \boldsymbol{b'}_a$。则指数的遗传力可定义为指数遗传方差与指数表型方差的比。由于：

$$V(\boldsymbol{I}_a) = V(\boldsymbol{b'a}) = \boldsymbol{b'Ab}$$

所以：

$$h_I^2 = \frac{V(\boldsymbol{I}_a)}{V(\boldsymbol{I})} = \frac{\boldsymbol{b'Ab}}{\boldsymbol{b'Pb}} \tag{6-7}$$

该指标度量了指数选择效果遗传能力的大小。

(三)选择指数制订的方法

(1)将所有性状的遗传力、表型方差、经济加权值、表型相关和遗传相关等参数整理如表 6-1 的形式。

(2)计算出各信息性状的表型方差-协方差矩阵和信息性状与目标性状的育种值方差矩阵，即 $\boldsymbol{P} = [P_{ij}]_{m \times m}$，$\boldsymbol{A} = [A_{ij}]_{m \times n}$，其中：

$$A_{ij} = r_{(ij)} h_i \sigma_i h_j \sigma_j$$

式中：$r_{(ij)}$ 为第 i 个信息性状与第 j 个目标性状之间的遗传相关；h_i 和 h_j 分别为第 i 个信息性状与第 j 个目标性状的遗传力的平方根；σ_i 和 σ_j 分别为第 i 个信息性状与第 j 个目标性状的表型标准差。

P_{ij} 需要根据各信息来源的具体情况确定，在目标性状与信息性状相同的传统选择指数中可以用性状表型相关和方差计算得到，其他情况可由以下公式确定。

$$h_i = \frac{\sigma_{A_i}}{\sigma_{P_i}} = \frac{\sigma_A}{\sigma_P} = h$$

$$Z_i = \frac{\sigma_{P_i}}{\sigma_{\bar{P}_i}} = \sqrt{\frac{k}{1 + (k-1) r_p}}$$

$$q_i = \frac{\sigma_{\bar{P}_i}}{\sigma_{\bar{P}_j}} = \sqrt{\frac{n}{1 + (n-1) r_A z_i^2 h^2}}$$

其中，r_p 为多个表型值间的相关，如果是一个个体多次度量，$r_p = r_e$(重复力)，如果多个同类个体单次度量，$r_p = r_A \times h^2$。

(3)计算各提供信息个体与被估计育种值个体的亲缘系数，得对角矩阵 $\boldsymbol{D}$。

(4)将各参数代入式(6-3)，并求解得到各偏回归系数。

(5)由式(6-4)至式(6-6)分析指数的选择效果。

(6)将各个体性状表型值 X_i 或它的离均差值代入式(6-2)计算候选个体的指数值。

下面以实例说明综合选择指数的制订方法。

由某猪场的资料分析得到 3 个性状：饲料利用率 x_1(＝肥育期饲料总消耗量 kg/肥育期总

增重 kg)、平均日增重 x_2(g)和背膘厚 x_3(cm)的表型、遗传参数，以及性状边际效益，列入表 6-1。表中右边 3 项的对角线上面为表型相关，下面为遗传相关。根据给定的参数制订这 3 个性状的综合选择指数。

表 6-1　猪的 3 个性状的表型遗传参数和边际效益

性状	单位	$\bar{x}$	w	h^2	σ_p^2	x_1	x_2	x_3
饲料利用率 x_1	%	3.0	−40.0	0.30	0.05	—	−0.65	0.45
平均日增重 x_2	g	600.0	0.05	0.35	5 000	−0.75	—	−0.35
背膘厚 x_3	cm	3.0	−30.0	0.50	0.05	0.40	−0.40	—

由表中参数可得到 3 个性状的表型方差、协方差矩阵为：

$$\boldsymbol{P}=\begin{bmatrix}0.05 & -10.277\,402\,4 & 0.022\,5\\ -10.277\,402\,4 & 5\,000.0 & -5.533\,985\,9\\ 0.022\,5 & -5.533\,985\,9 & 0.05\end{bmatrix}$$

其中：$P_{11}=\sigma_{x_1}^2=0.05$

$$P_{12}=\mathrm{Cov}(x_1,x_2)=r_{12}\sigma_{x_1}\sigma_{x_2}=-0.65\sqrt{0.05\times 5\,000.0}=-10.277\,402\,4$$

其他元素可类似计算得到。而 3 个性状的育种值方差、协方差矩阵为：

$$\boldsymbol{A}=\begin{bmatrix}0.015 & -3.842\,606\,5 & 0.007\,746\,0\\ -3.842\,606\,5 & 1\,750.0 & -2.645\,751\,3\\ 0.007\,746\,0 & -2.645\,751\,3 & 0.025\,0\end{bmatrix}$$

其中：$A_{11}=\sigma_{A_1}^2=h_{x_1}^2\sigma_{x_1}^2=0.30\times 0.05=0.015$

$$A_{12}=\mathrm{Cov}(A_1,A_2)=r_{(12)}\sqrt{\sigma_{A_1}^2\sigma_{A_2}^2}=-0.75\sqrt{0.015\times 1\,750.0}=-3.842\,606\,5$$

其他元素可类似计算。而边际效益，即经济加权值 w 为：

$$\boldsymbol{w}'=[-40.0\quad 0.05\quad -30.0]$$

所以由(6-3)式得到：

$$\boldsymbol{b}=\boldsymbol{P}^{-1}\boldsymbol{A}\boldsymbol{w}\begin{bmatrix}0.05 & -10.277\,4 & 0.022\,5\\ -10.277\,4 & 5\,000.0 & -5.534\,0\\ 0.022\,5 & -505\,340 & 0.05\end{bmatrix}^{-1}\times$$

$$\begin{bmatrix}0.05 & -3.842\,6 & 0.007\,7\\ -3.842\,6 & 1\,750.0 & -2.645\,8\\ 0.007\,7 & -2.645\,8 & 0.025\,0\end{bmatrix}\begin{bmatrix}-40.0\\ 0.05\\ -30.0\end{bmatrix}$$

$$=\begin{bmatrix}38.381\,6 & 0.068\,1 & -9.732\,1\\ 0.068\,1 & 0.000\,3 & 0.008\,0\\ -9.732\,1 & 0.008\,0 & 25.259\,7\end{bmatrix}\begin{bmatrix}-1.024\,5\\ 320.576\,8\\ -1.192\,1\end{bmatrix}$$

$$=[-5.882\,4\quad 0.032\,6\quad -17.592\,5]$$

所以这 3 个性状的综合选择指数(I)为：

$$I=\boldsymbol{b}'\boldsymbol{x}=-5.8824x_1+0.0326x_2-17.5925x_3$$

为了衡量该选择指数的优劣，可采用式(6-4)至式(6-7)计算有关指标。由于：

$$(\boldsymbol{AW})'=[-1.0245 \quad 320.5768 \quad -1.1921]$$

$$\sigma_I^2=\boldsymbol{b}'\boldsymbol{Pb}=\boldsymbol{b}'\boldsymbol{Aw}=37.4384$$

$$\boldsymbol{w}'\boldsymbol{Aw}=92.7730$$

$$\boldsymbol{b}'\boldsymbol{A}=[-0.3496 \quad 126.1167 \quad 0.5715]$$

$$\boldsymbol{b}'\boldsymbol{Ab}=16.2161$$

所以综合选择指数的估计准确度 r_{HI} 为：

$$r_{HI}=\sqrt{\frac{\boldsymbol{b}'\boldsymbol{Aw}}{\boldsymbol{w}'\boldsymbol{Aw}}}=\sqrt{\frac{37.4348}{92.7730}}=0.6352$$

综合育种值进展为：$\Delta \boldsymbol{a}=i\sqrt{\boldsymbol{b}'\boldsymbol{Aw}}=6.1184i$

各性状育种值选择进展 $\Delta \boldsymbol{a}$ 为：

$$\Delta \boldsymbol{a}'=\frac{i}{\sqrt{\boldsymbol{b}'\boldsymbol{Aw}}}\boldsymbol{b}'\boldsymbol{A}=i[-0.0571 \quad 20.6127 \quad -0.0934]$$

指数遗传力 h_I^2 为：

$$h_I^2=\frac{\boldsymbol{b}'\boldsymbol{Ab}}{\boldsymbol{b}'\boldsymbol{Pb}}=\frac{16.2161}{37.4348}=0.4332$$

(四)制订选择指数应注意的事项

1. 突出育种目标性状

选择指数的效率与目标性状多少有关，因此同时选择的性状越多，每个性状的改进就越慢。一般来说，一个选择指数包括 2～4 个最重要的选择性状为宜。

2. 用于遗传评定的信息性状应该是容易度量的性状

在制订选择指数时，可以将需要改进的主要经济性状作为目标性状包含在综合育种值中，而将一些容易度量、遗传力较高、与目标性状遗传相关较大的一些性状作为信息性状。尽量保持信息性状与目标性状相同，此外，还可利用遗传标记作为选种的辅助性状。例如，肉用家畜的增重速度、饲料利用率和瘦肉率等都是重要的经济性状，但是测量体重和活体测膘比较容易，而且膘厚与瘦肉率遗传相关较高，因此，可以将前 3 个性状作为改良的目标性状，增重和膘厚可以作为选择的信息性状。

3. 信息性状尽可能是家畜早期性状

进行早期选种可以缩短世代间隔，提高单位时间内选择效率。尽量选择一些与全期记录有高遗传相关在前期表达的性状，作为选择的信息性状。例如，家禽用 300 日龄产蛋量、奶牛用第一个泌乳期的产奶量、绵羊用 1 岁的剪毛量等。

4. 目标性状中尽量避免有高的负遗传相关性状

由于目标性状间相互拮抗，如果同时包含两个高的负遗传相关性状，它们的选择效率会降很低，应尽量避免，若必须同时考虑，应可能将其合并为一个性状。例如，将奶牛的产奶量和乳脂率合并为标准奶量、将产蛋量和蛋重合并为总产蛋量等。

五、作业与思考

(1)试对表6-2蛋鸡资料，计算一个产蛋数、蛋重和开产日龄3个性状的选择指数，有条件时可用计算机加以验证。今设产蛋数的 $W_1=0.4, h_1^2=0.2$；蛋重的 $W_2=0.3, h_2^2=0.5$；开产日龄的 $W_3=0.3, h_3^2=0.3$。通过所制订的选择指数计算，选出5只指数最高的母鸡留种。

表6-2 用于制订选择指数的蛋鸡的资料

鸡号	开产日龄(天)	产蛋数(个/年)	蛋重(g)
001	179	261	58.38
002	202	222	59.42
003	176	250	60.87
004	187	234	56.90
005	192	227	59.77
006	177	220	60.65
007	176	258	60.53
008	178	231	57.93
009	178	241	58.47
010	179	200	59.05
011	189	240	62.27
012	176	250	57.40
013	176	230	58.87
014	205	240	59.93
015	199	290	53.93
016	192	260	62.85
017	193	220	64.00
018	177	229	59.03
019	180	267	60.10
020	170	277	66.01
平均	181.1	242.4	59.80

(2)综合选择指数法与其他多性状选择方法相比的优缺点。

实验七　分子血缘相关矩阵及其逆阵的构建

个体 i 和 j 间的加性遗传相关是指在它们的基因组中具有同源相同(identity by decent)基因的比例,或者说从个体 i 的基因组中随机抽取的一个基因在个体 j 的基因组中也存在的概率。

对于一个群体,如果我们将所有个体相互间的加性遗传相关用一个矩阵表示出来,设群体中的个体为 $1,2,\cdots,n$,则这个矩阵为

$$\mathbf{A}=\begin{bmatrix} a_{11} & a_{12} & \cdots & a_{1n} \\ a_{21} & a_{22} & \cdots & a_{2n} \\ \vdots & \vdots & \vdots & \vdots \\ a_{n1} & a_{n2} & \cdots & a_{nn} \end{bmatrix}$$

其中的 a_{ij} 为个体 i 和个体 j 之间的加性遗传相关,这个矩阵 $\mathbf{A}$ 称为加性遗传相关矩阵(additive genetic relationship matrix)或分子血缘相关矩阵(numerator relationship matrix),因为 $\mathbf{A}$ 中的元素是 Wright 所定义的个体间亲缘相关系数计算公式中的分子。

我们知道,BLUP 法对于混合型的育种资料具有广泛的应用前景,且几乎所有的动物育种资料都属于混合模型。因此,正确建立混合模型(mixed model equations,MME)是十分重要的。而在动物模型 BLUP 的混合模型方程组中,需要分子血缘相关矩阵 $\mathbf{A}$ 及其逆矩阵 $\mathbf{A}^{-1}$。

一、实验目的

(1)熟悉并掌握分子血缘相关矩阵 $\mathbf{A}$ 的建立原理和方法。

(2)熟悉并掌握直接构建 $\mathbf{A}^{-1}$ 的原理和方法。

二、实验内容

(1)分子血缘相关矩阵 $\mathbf{A}$ 的构建:

①根据箭头式系谱用公式计算。

②应用递推公式计算。

(2)分子血缘相关矩阵逆阵 $\mathbf{A}^{-1}$ 的直接构建。

三、实验仪器与材料

计算器、计算机。

四、实验原理与方法

(一)分子血缘相关矩阵 A 阵的构建

1. 根据箭头式系谱用公式计算

一般地,任意 2 个个体 i 和 j 之间的加性遗传相关的计算通式为:

$$a_{ij}=\sum\left(\frac{1}{2}\right)^{n_1+n_2}(1+f_A) \tag{7-1}$$

式中:n_1 和 n_2 为由个体 i 和 j 到它们的共同祖先 **A** 的世代数;

f_A 为 **A** 的近交系数;

$\sum$ 为当 i 和 j 有多个共同祖先时要对所有连接 i 和 j 的通径求和。

比较个体间亲缘相关系数和个体近交系数的计算公式,可看出个体间的加性遗传相关就等于个体间亲缘相关系数计算公式中的分子,而一个个体的近交系数等于其双亲的加性遗传相关的一半。

一个个体与它本身的加性遗传相关为:

$$a_{ii}=1+f_i \tag{7-2}$$

式中 f_i 为个体 i 的近交系数。

因此,**A** 中的元素可以根据箭头式系谱用公式(7-1)和公式(7-2)求得。而且这个方法一般要求画出完整的系谱图。

示例:我们设有 7 个个体(编号为 1,2,…,7),其中个体 1 和 2 的双亲都未知,个体 3 的母亲未知,对于双亲未知的个体,我们假定它们都是非近交个体,且彼此无血缘关系,这些个体就构成了所谓的基础群(base population)。个体 4 的父母号分别为 1 和 2。具体箭头式系谱如下:

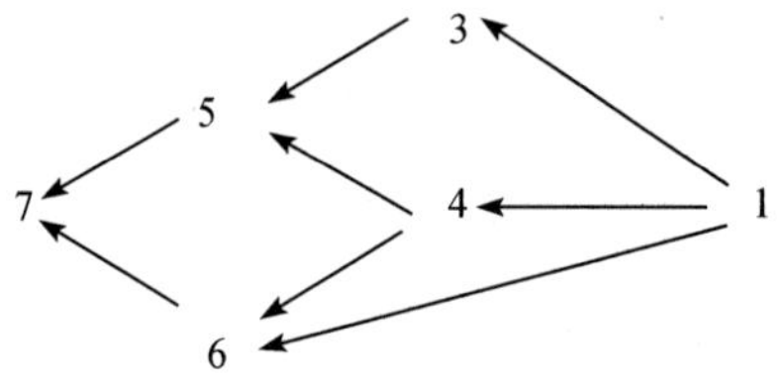

则通过近交系数公式计算可得:

$$f_1=f_2=f_3=f_4=0, f_5=0.125, f_6=0.25, f_7=0.281\,25$$

由公式(7-2)可得:

$$a_{11}=a_{22}=a_{33}=a_{44}=1, a_{55}=1.125, a_{66}=1.25, a_{77}=1.281\,25$$

再由公式(7-1)可得:

$a_{12}=0=a_{21}$(个体 1 和 2 的双亲未知)

$a_{13}=0.5=a_{31}$(1←1→3)

$a_{14}=0.5=a_{41}(1\leftarrow1\rightarrow4)$

$a_{15}=0.5=a_{51}(1\leftarrow1\rightarrow3\rightarrow5;1\leftarrow1\rightarrow4\rightarrow5)$

$a_{16}=0.75=a_{61}(1\leftarrow1\rightarrow4\rightarrow6;1\leftarrow1\rightarrow6)$

$a_{17}=0.625=a_{71}(1\leftarrow1\rightarrow3\rightarrow5\rightarrow7;1\leftarrow1\rightarrow4\rightarrow5\rightarrow7;1\leftarrow1\rightarrow4\rightarrow6\rightarrow7;1\leftarrow1\rightarrow6\rightarrow7)$

$a_{23}=0=a_{32}$（个体 2 双亲未知，个体 3 母亲未知）

$a_{24}=0.5=a_{42}(2\leftarrow2\rightarrow4)$

$a_{25}=0.25=a_{52}(2\leftarrow2\rightarrow4\rightarrow5)$

$a_{26}=0.25=a_{62}(2\leftarrow2\rightarrow4\rightarrow6)$

$a_{27}=0.25=a_{72}(2\leftarrow2\rightarrow4\rightarrow5\rightarrow7;2\leftarrow2\rightarrow4\rightarrow6\rightarrow7)$

$a_{34}=0.25=a_{43}(3\leftarrow1\rightarrow4)$

$a_{35}=0.625=a_{53}(3\leftarrow1\rightarrow4\rightarrow5;3\leftarrow3\rightarrow5)$

$a_{36}=0.375=a_{63}(3\leftarrow1\rightarrow6;3\leftarrow1\rightarrow4\rightarrow6)$

$a_{37}=0.5=a_{73}(3\leftarrow1\rightarrow4\rightarrow5\rightarrow7;3\leftarrow1\rightarrow4\rightarrow6\rightarrow7;3\leftarrow1\rightarrow6\rightarrow7;3\leftarrow3\rightarrow5\rightarrow7)$

$a_{45}=0.625=a_{54}(4\leftarrow1\rightarrow3\rightarrow5;4\leftarrow4\rightarrow5)$

$a_{46}=0.75=a_{64}(4\leftarrow1\rightarrow6;4\leftarrow4\rightarrow6)$

$a_{47}=0.6875=a_{74}(4\leftarrow1\rightarrow6\rightarrow7;4\leftarrow1\rightarrow3\rightarrow5\rightarrow7;4\leftarrow4\rightarrow6\rightarrow7;4\leftarrow4\rightarrow5\rightarrow7)$

$a_{56}=0.5625=a_{65}(5\leftarrow3\leftarrow1\rightarrow4\rightarrow6;5\leftarrow3\leftarrow1\rightarrow6;5\leftarrow4\leftarrow1\rightarrow6;5\leftarrow4\rightarrow6)$

$a_{57}=0.84375=a_{75}(5\leftarrow4\rightarrow6\rightarrow7;5\leftarrow3\leftarrow1\rightarrow6\rightarrow7;5\leftarrow3\leftarrow1\rightarrow4\rightarrow6\rightarrow7;5\leftarrow4\leftarrow1\rightarrow6\rightarrow7;5\leftarrow5\rightarrow7,f_5=0.125)$

$a_{67}=0.90625=a_{76}(6\leftarrow1\rightarrow4\rightarrow5\rightarrow7;6\leftarrow1\rightarrow3\rightarrow5\rightarrow7;6\leftarrow4\leftarrow1\rightarrow3\rightarrow5\rightarrow7;6\leftarrow4\rightarrow5\rightarrow7;6\leftarrow6\rightarrow7,f_6=0.25)$

因此，完整的 **A** 阵为

$$\begin{bmatrix} 1 & 0 & 0.5 & 0.5 & 0.5 & 0.75 & 0.625 \\ 0 & 1 & 0 & 0.5 & 0.25 & 0.25 & 0.25 \\ 0.5 & 0 & 1 & 0.25 & 0.625 & 0.375 & 0.5 \\ 0.5 & 0.5 & 0.25 & 1 & 0.625 & 0.75 & 0.6875 \\ 0.5 & 0.25 & 0.625 & 0.625 & 1.125 & 0.5625 & 0.84375 \\ 0.75 & 0.25 & 0.375 & 0.75 & 0.5625 & 1.25 & 0.90625 \\ 0.625 & 0.25 & 0.5 & 0.6875 & 0.84375 & 0.90625 & 1.28125 \end{bmatrix}$$

2. 应用递推公式计算

上述方法在系谱大而复杂时应用是很困难的。因此，我们可以利用下面两个递推公式来计算 **A** 中的每一个元素：

$$a_{ii}=1+0.5a_{s_i d_j} \tag{7-3}$$

$$a_{ij}=0.5(a_{is_j}+a_{id_j})=a_{ji} \tag{7-4}$$

式中：s_i 和 d_i 分别为个体 i 的父亲和母亲；

s_j 和 d_j 分别为个体 j 的父亲和母亲；

$a_{s_i d_j}$ 则为 s_i 和 d_j 间的加性遗传相关（当个体 i 的双亲或一个亲本未知时，$a_{s_i d_j}=0$）；

a_{is_j} 和 a_{id_j} 分别为个体 i 与 s_j 和 d_j 间的加性遗传相关(当个体 j 的父亲或母亲未知时，则 a_{is_j} 或 a_{id_j} 或二者为 0)。

示例:同样上面的例子,先将资料中的所有个体按个体号,父号和母号列成一个 3 列的表(表 7-1),表格如下。

表 7-1

个体	父亲	母亲
1	—	—
2	—	—
3	1	—
4	1	2
5	3	4
6	1	4
7	5	6

列表时需注意如下事项:

①在个体一列中应包括所有在父亲和母亲列中出现的个体;

②在个体一列中应保证后代绝不会出现在亲代之前,一般可按出生日期来排序,先出生的在前;

③为便于编写计算机程序,个体应用自然数从 1 开始连续编号。

则利用公式(7-3),公式(7-4)可计算出 A 中的所有元素:

$$a_{11}=1+0=0(\text{双亲未知})$$
$$a_{12}=0=a_{21}(\text{双亲未知})$$
$$a_{13}=0.5(a_{11}+0)=0.5=a_{31}(\text{母亲未知})$$
$$a_{14}=0.5(a_{11}+a_{12})=0.5=a_{41}$$
$$a_{15}=0.5(a_{13}+a_{14})=0.5=a_{51}$$
$$a_{16}=0.5(a_{11}+a_{14})=0.75=a_{61}$$
$$a_{17}=0.5(a_{15}+a_{16})=0.625=a_{71}$$
$$a_{22}=1+0=0(\text{双亲未知})$$
$$a_{23}=0.5(a_{21}+0)=0=a_{32}(\text{母亲未知})$$
$$a_{24}=0.5(a_{21}+a_{22})=0.5=a_{42}$$
$$a_{25}=0.5(a_{23}+a_{24})=0.25=a_{52}$$
$$a_{26}=0.5(a_{21}+a_{24})=0.25=a_{62}$$
$$a_{27}=0.5(a_{25}+a_{26})=0.25=a_{72}$$
$$a_{33}=1+0=0(\text{母亲未知})$$
$$a_{34}=0.5(a_{31}+a_{32})=0.25=a_{43}$$
$$a_{35}=0.5(a_{33}+a_{34})=0.625=a_{53}$$
$$a_{36}=0.5(a_{31}+a_{34})=0.375=a_{63}$$
$$a_{37}=0.5(a_{35}+a_{36})=0.5=a_{73}$$
$$a_{44}=1+0.5a_{12}=1+0=1$$

$a_{45}=0.5(a_{43}+a_{44})=0.625=a_{54}$

$a_{46}=0.5(a_{41}+a_{44})=0.75=a_{64}$

$a_{47}=0.5(a_{45}+a_{46})=0.6875=a_{74}$

$a_{55}=1+0.5a_{34}=1+0.125=1.125$

$a_{56}=0.5(a_{51}+a_{54})=0.5625=a_{65}$

$a_{57}=0.5(a_{55}+a_{56})=0.84375=a_{75}$

$a_{66}=1+0.5a_{14}=1+0.25=1.25$

$a_{67}=0.5(a_{65}+a_{66})=0.90625=a_{76}$

$a_{77}=1+0.5a_{56}=1+0.28125=1.28125$

将以上元素代入矩阵 **A** 中，其结果与第一种方法取得的完全相同。

(二)分子血缘相关矩阵的逆阵 $\boldsymbol{A}^{-1}$ 的直接构建

从理论上说 $\boldsymbol{A}^{-1}$ 可以通过对 **A** 求逆得到，但当 **A** 阵很大时，对它求逆是十分困难以至不可能的，事实上有时构建 **A** 阵本身也不是一件容易的事。因此，我们可以通过下面 2 种方法直接构建 $\boldsymbol{A}^{-1}$。

1. 应用公式求得

A 阵总可以分解为 $\boldsymbol{A}=\boldsymbol{LL}'$，其中 **L** 为下三角矩阵，它又可进一步写为 $\boldsymbol{L}=\boldsymbol{TD}$，其中 **D** 为对角线矩阵，其对角线元素等于 **L** 阵中对角线元素，**T** 为下三角矩阵，其对角线元素全为 1，因而 $\boldsymbol{A}^{-1}$ 可写为：

$$\boldsymbol{A}^{-1}=(\boldsymbol{LL}')^{-1}=(\boldsymbol{TDDT}')^{-1}=(\boldsymbol{T}')^{-1}\boldsymbol{D}^{-2}\boldsymbol{T}^{-1} \tag{7-5}$$

根据公式(7-5)建立 $\boldsymbol{A}^{-1}$ 步骤如下：

(1)建立 $\boldsymbol{T}^{-1}$。Henderson 证明 $\boldsymbol{T}^{-1}$ 中的对角线元素全为 1，在其第 i 行上，第 i 个个体的每一亲本所对应的元素为 −0.5，其余元素为 0。

同样上例，我们可得：

$$\boldsymbol{T}^{-1}=\begin{bmatrix}1 & & & & & & \\ 0 & 1 & & & & & \\ -0.5 & 0 & 1 & & & & \\ -0.5 & -0.5 & 0 & 1 & & & \\ 0 & 0 & -0.5 & -0.5 & 1 & & \\ -0.5 & 0 & 0 & -0.5 & 0 & 1 & \\ 0 & 0 & 0 & 0 & -0.5 & -0.5 & 1\end{bmatrix}$$

则

$$(\boldsymbol{T}')^{-1}=\begin{bmatrix}1 & 0 & -0.5 & -0.5 & 0 & -0.5 & 0 \\ & 1 & 0 & -0.5 & 0 & 0 & 0 \\ & & 1 & 0 & -0.5 & 0 & 0 \\ & & & 1 & -0.5 & -0.5 & 0 \\ & & & & 1 & 0 & -0.5 \\ & & & & & 1 & -0.5 \\ & & & & & & 1\end{bmatrix}$$

(2)建立 $\boldsymbol{D}^{-2}$。$\boldsymbol{D}^{-2}$ 为一对角线矩阵，设 δ_i 是其对角线上的第 i 个元素，因为 $\boldsymbol{D}$ 阵的对角线元素等于 $\boldsymbol{L}$ 阵的对角线元素，故有

$$\delta_i = \frac{1}{l_{ii}^2} = (\text{对角线矩阵的逆阵是将各元素求倒数后建立}) \tag{7-6}$$

式中：l_{ii} 是 $\boldsymbol{L}$ 阵的第 i 个对角线元素。Henderson 证明：

$$l_{ii} = \begin{cases} [0.5-0.25(f_s+f_d)]^{0.5} & \text{个体 } i \text{ 的双亲 } s \text{ 和 } d \text{ 已知} \\ (0.75-0.25f_p)^{0.5} & \text{个体 } i \text{ 的亲本 } p \text{ 已知} \\ 1 & \text{个体 } i \text{ 的双亲未知} \end{cases} \tag{7-7}$$

式中 f_s，f_d 和 f_p 分别为 s，d 和 p 的近交系数。

再根据 $\boldsymbol{A}$ 阵构建已知 $f_1=f_2=f_3=f_4=0$，$f_5=0.125$，$f_6=0.25$，$f_7=0.281\ 25$，我们可求得：

$$l_{11}=1;l_{22}=1;l_{33}=(0.75-0.25f_1)^{0.5}=\sqrt{0.75}$$
$$l_{44}=[0.5-0.25(f_1+f_2)]^{0.5}=\sqrt{0.5}$$
$$l_{55}=[0.5-0.25(f_3+f_4)]^{0.5}=\sqrt{0.5}$$
$$l_{66}=[0.5-0.25(f_1+f_4)]^{0.5}=\sqrt{0.5}$$
$$l_{77}=[0.5-0.25(f_5+f_6)]^{0.5}=\sqrt{0.406\ 25}$$

则

$$\delta_1=1;\delta_2=1;\delta_3=\frac{1}{0.75};\delta_4=\frac{1}{0.5};\delta_5=\frac{1}{0.5};\delta_6=\frac{1}{0.5};\delta_7=\frac{1}{0.406\ 25}$$

故

$$\boldsymbol{D}^{-2}=\begin{bmatrix} 1 & & & & & & \\ & 1 & & & & & \\ & & \frac{1}{0.75} & & & & \\ & & & \frac{1}{0.5} & & & \\ & & & & \frac{1}{0.5} & & \\ & & & & & \frac{1}{0.5} & \\ & & & & & & \frac{1}{0.406\ 25} \end{bmatrix}$$

(3)计算 $\boldsymbol{A}^{-1}$。由公式(7-5)计算可得：

$$A^{-1}=\begin{bmatrix} \frac{7}{3} & \frac{1}{2} & -\frac{2}{3} & -\frac{1}{2} & 0 & -1 & 0 \\ \frac{1}{2} & \frac{3}{2} & 0 & -1 & 0 & 0 & 0 \\ -\frac{2}{3} & 0 & \frac{11}{6} & \frac{1}{2} & -1 & 0 & 0 \\ -\frac{1}{2} & -1 & \frac{1}{2} & 3 & -1 & -1 & 0 \\ 0 & 0 & -1 & -1 & \frac{34}{13} & \frac{8}{13} & -\frac{16}{13} \\ -1 & 0 & 0 & -1 & \frac{8}{13} & \frac{34}{13} & -\frac{16}{13} \\ 0 & 0 & 0 & 0 & -\frac{16}{13} & -\frac{16}{13} & \frac{32}{13} \end{bmatrix}$$

2.应用系谱直接构建 A^{-1}　1975 年 Henderson 提出了一个可以从系谱直接构建 A^{-1} 的简捷方法，具体步骤如下：

(1)将上例所有个体按求 **A** 阵时的方式排列；

(2)将 A^{-1} 中的所有元素设置为 0；

(3)对于每一个个体，根据其双亲已知与否，计算下列数值并将它们加到 A^{-1} 中的标定位置上：(其中个体 $i=1,2,\cdots,n$)

$$\left.\begin{array}{l} \delta_i \rightarrow a_{ii} \\ -\frac{\delta_i}{2} \rightarrow a_{is}, a_{si}, a_{id}, a_{di} \\ \frac{\delta_i}{4} \rightarrow a_{ss}, a_{dd}, a_{sd}, a_{ds} \end{array}\right\} i \text{ 的双亲 } s \text{ 和 } d \text{ 已知结合}$$

$$\left.\begin{array}{l} \delta_i \rightarrow a_{ii} \\ -\frac{\delta_i}{2} \rightarrow a_{ip}, a_{pi} \\ \frac{\delta_i}{4} \rightarrow a_{pp} \end{array}\right\} i \text{ 的一个亲本已知}$$

$$\delta_i \rightarrow a_{ii} \qquad\qquad i \text{ 的双亲未知}$$

但当群体为非近交群体时，Henderson 证明：

$$\delta_i=\begin{cases} 2 & i \text{ 的双亲已知} \\ \frac{4}{3} & i \text{ 的一个亲本已知} \\ 1 & i \text{ 的双亲未知} \end{cases}$$

(4)因为前面的例子有近交个体，故结合公式(7-6)，公式(7-7)，我们可求得：

$\delta_1=1$ 则 $a_{11}=1$

$\delta_2=1$ 则 $a_{22}=1$

$\delta_3=\frac{4}{3}$ 则 $a_{33}=\frac{4}{3}, a_{31}=a_{13}=-\frac{2}{3}, a_{11}=\frac{1}{3}$

$\delta_4=2$ 则 $a_{44}=2, a_{41}=a_{14}=a_{42}=a_{24}=-1, a_{11}=a_{22}=a_{12}=a_{21}=\frac{1}{2}$

$\delta_5=2$ 则 $a_{55}=2, a_{53}=a_{35}=a_{54}=a_{45}=-1, a_{33}=a_{44}=a_{34}=a_{43}=\frac{1}{2}$

$\delta_6=2$ 则 $a_{66}=2, a_{61}=a_{16}=a_{64}=a_{46}=-1, a_{11}=a_{44}=a_{14}=a_{41}=\frac{1}{2}$

$\delta_7=\frac{32}{13}$ 则 $a_{77}=\frac{32}{13}, a_{75}=a_{57}=a_{76}=a_{67}=-\frac{16}{13}, a_{55}=a_{66}=a_{56}=a_{65}=\frac{8}{13}$

所以，

$a_{11}=1+\frac{1}{3}+\frac{1}{2}+\frac{1}{2}=\frac{7}{3}$

$a_{12}=a_{21}=\frac{1}{2}$

$a_{13}=a_{31}=-\frac{2}{3}$

$a_{14}=a_{41}=-1+\frac{1}{2}=-\frac{1}{2}$

$a_{34}=a_{43}=\frac{1}{2}$

$a_{35}=a_{53}=-1$

$a_{44}=2+\frac{1}{2}+\frac{1}{2}=3$

$a_{45}=a_{54}=-1$

$a_{46}=a_{64}=-1$

$a_{77}=\frac{32}{13}$

$a_{16}=a_{61}=-1$

$a_{22}=1+\frac{1}{2}=\frac{3}{2}$

$a_{24}=a_{42}=-1$

$a_{33}=\frac{4}{3}+\frac{1}{2}=\frac{11}{6}$

$a_{55}=2+\frac{8}{13}=\frac{34}{13}$

$a_{56}=a_{65}=\frac{8}{13}$

$a_{57}=a_{75}=-\frac{16}{13}$

$a_{66}=2+\frac{8}{13}=\frac{34}{13}$

$a_{67}=a_{76}=-\frac{16}{13}$

将数值代入 $\mathbf{A}^{-1}$ 中，结果与前面完全相同。

（三）结果验证

下面再用 MATLAB 求逆以验证结果是否正确，用以下 MATLAB 语句进行矩阵的逆矩阵运算：

A＝[1 0 0.5 0.5 0.5 0.75 0.625;0 1 0 0.5 0.25 0.25 0.25; 0.5 0 1 0.25 0.625 0.375 0.5;0.5 0.5 0.25 1 0.625 0.75 0.6875; 0.5 0.25 0.625 0.625 1.125 0.5625 0.84375;0.75 0.25 0.375 0.75 0.5625 1.25 0.90625;0.625 0.25 0.5 0.6875 0.84375 0.90625 1.28125] inv(**A**)

语句执行结果

```
A=

  1.000 00   0          0.500 00   0.500 00   0.500 00   0.750 00   0.625 00
  0          1.000 00   0          0.500 00   0.250 00   0.250 00   0.250 00
  0.500 00   0          1.000 00   0.250 00   0.625 00   0.375 00   0.500 00
  0.500 00   0.500 00   0.250 00   1.000 00   0.625 00   0.750 00   0.687 50
  0.500 00   0.250 00   0.625 00   0.625 00   1.125 00   0.562 50   0.843 75
  0.750 00   0.250 00   0.375 00   0.750 00   0.562 50   1.250 00   0.906 25
  0.625 00   0.250 00   0.500 00   0.687 50   0.843 75   0.906 25   1.281 25

ans=

   2.333 3   0.500 0  -0.666 7  -0.500 0   0         -1.000 0    0
   0.500 0   1.500 0   0        -1.000 0   0          0          0
  -0.666 7   0         1.833 3   0.500 0  -1.000 0    0          0
  -0.500 0  -1.000 0   0.500 0   3.000 0  -1.000 0   -1.000 0    0
   0         0        -1.000 0  -1.000 0   2.615 4    0.615 4   -1.230 8
  -1.000 0   0         0        -1.000 0   0.615 4    2.615 4   -1.230 8
   0         0         0         0        -1.230 8   -1.230 8    2.461 5
```

与上述结果完全相同。

五、作业与思考

(1)有如下系谱(表 7-2)。

表 7-2

个体	父亲	母亲
1	0	0
2	0	0
3	0	0
4	1	0
5	3	2
6	1	2
7	4	5
8	3	6

①试构建分子血缘相关矩阵 $\mathbf{A}$。

②直接根据系谱构建 $\mathbf{A}$ 的逆阵 $\mathbf{A}^{-1}$。

③用 MATLAB 软件验证所构建的 $\boldsymbol{A}^{-1}$ 正确性。

(2)给定如下系谱(表 7-3)。

表 7-3

个体	父亲	母亲
2	—	—
3	—	—
4	—	—
5	1	3
6	2	4
7	2	4

①建立分子血缘相关矩阵 $\boldsymbol{A}$。

②建立 $\boldsymbol{T}^{-1}$ 和 $\boldsymbol{D}^{-2}$ 矩阵。

③根据 $\boldsymbol{A}^{-1}=(\boldsymbol{T}')^{-1}\boldsymbol{D}^{-2}\boldsymbol{T}^{-1}$ 计算。

④直接建立 $\boldsymbol{A}^{-1}$,并与 3 的结果做比较。

实验八　亲缘程度评定与近交系数计算

对于两性动物，后代的基因型取决于父母传递的配子型，其性能表现除受基因型影响外，还受两配子型间互作以及基因型与环境互作的影响。在环境条件相对稳定的前提下，要想获得理想的后代，不仅要有种用价值高的双亲，还需要制订合理的交配体制（亲本间的交配组合）。个体间的交配体制不外乎两种：品质选配（根据个体间的品质对比进行选配）和亲缘选配（根据个体间的亲缘关系进行选配）。要进行亲缘选配，必须对个体或群体间的亲缘关系进行评定，在评定的基础上制订合理的选配制度，以期获得理想的后代。

一、实验目的

(1)熟悉亲缘程度评定的不同方法。

(2)掌握计算个体和群体近交系数的公式和列表法计算个体和群体近交系数。

(3)掌握直系亲属和旁系亲属亲缘系数的计算方法。

二、实验内容

(1)亲缘程度评定方法。

(2)个体近交系数计算方法：

①Wright 法（公式计算法）。

②共亲系数法。

③列表法。

(3)群体近交系数计算方法。

(4)亲缘系数计算：

①旁系亲属。

②直系亲属。

三、实验仪器与材料

(1)实验器材：计算器，绘图铅笔，直尺，实验报告纸等。

(2)实验材料：牧场畜、禽系谱资料。

四、实验原理与方法

亲缘程度评定的方法主要有罗马数字表示法、近交系数计算法和亲缘系数计算法 3 种。

(一)罗马数字表示法

罗马数字表示法是用罗马数字表示共同祖先在系谱中所处位置(世代数)来标识其近交程度。具体方法如下:

(1)标示系谱中的共同祖先。根据牧场提供的系谱资料,查看系谱中父系和母系双方有无共同祖先。如有,可用“△”“☆”或“√”等符号将其标示出来。

(2)写出共同祖先在母系和父系中出现的世代数。用罗马数字分别写出共同祖先在母系和父系中出现的世代数,中间用一横线隔开,横线左端为共同祖先出现在母系中的世代数,横线右端为共同祖先出现在父系中的世代数。

(3)确定近交程度。横线两边数字之和为3或4者称为嫡亲交配,如:Ⅰ-Ⅱ,Ⅱ-Ⅱ,Ⅰ-Ⅲ,Ⅲ-Ⅰ;横线两边数字之和为5或6者称为近亲交配,如:Ⅱ-Ⅲ,Ⅲ-Ⅱ,Ⅲ-Ⅲ,Ⅰ-Ⅳ,Ⅳ-Ⅰ,Ⅱ-Ⅳ,Ⅳ-Ⅱ等;横线两边数字之和为6~8者称为中亲交配,如:Ⅲ-Ⅳ,Ⅳ-Ⅲ,Ⅵ-Ⅱ,Ⅱ-Ⅵ,Ⅰ-Ⅵ,Ⅵ-Ⅰ,Ⅰ-Ⅴ,Ⅴ-Ⅰ等;横线两边数字之和在8以上者称为远亲交配,如:Ⅳ,Ⅲ-Ⅴ,Ⅴ-Ⅲ,Ⅱ-Ⅵ,Ⅵ-Ⅱ,Ⅴ-Ⅴ,Ⅴ-Ⅵ,Ⅵ-Ⅴ,Ⅵ-Ⅵ,Ⅰ-Ⅶ,Ⅶ-Ⅰ等。

上述4种亲缘交配中,近交程度最高的为全同胞交配(Ⅱ-Ⅱ)、母子交配(Ⅰ-Ⅱ)和父女交配(Ⅱ-Ⅰ),其次为半同胞交配(Ⅱ-Ⅱ),再次为祖孙交配(Ⅰ-Ⅲ或Ⅲ-Ⅰ)……

例如:351号公猪的系谱如下:

351号公猪

120				135				Ⅰ(亲代)
48		105△		8&		105△		Ⅱ(祖代)
6	103☆	8&	11※	4	103☆	18	11※	Ⅲ(曾祖代)

由上述系谱可见,351号公猪有4个共同祖先,即105号、8号、103号和11号。因此,105号共同祖先可写成105Ⅱ-Ⅱ形式,其他共同祖先依次可写成8Ⅲ-Ⅱ、103Ⅲ-Ⅲ和11Ⅲ-Ⅲ。

根据105Ⅱ-Ⅱ可评定,351号公猪为嫡亲交配所生,如果更准确一点说,是同父异母的半兄妹交配所生,比兄妹交配稍远一些。从8号、103号和11号共同祖先分析,351号公猪是近亲交配的结果。

(二)个体近交系数计算法

1. Wright法(公式计算法)

近交系数的概念是1921年由Wright首先提出的,他将近交系数定义为配子基因效应间的相关,用“F”表示。来自父母双方的两配子基因效应相关的原因在于两基因功能相同,两基因功能相同的根源在于它们来自同一祖先。因此,Malēcot(1948)将近交系数定义为一个个体同一基因座上的2个基因为同源相同基因(来自同一共同祖先)的概率。

根据通径系数原理,个体x的近交系数即是形成x个体的两个配子间的相关系数,用F_x表示。

$$F_x = \sum \left[\left(\frac{1}{2}\right)^{n_1+n_2+1} (1+F_A) \right]$$

式中:F_x表示个体x的近交系数;1/2表示各代遗传结构的半数;

n_1 表示父亲到共同祖先的世代数；n_2 表示母亲到共同祖先的世代数；

F_A 表示共同祖先自身的近交系数；$n_1+n_2+1=N$ 为亲本相关通径链中的个体数。

注意：公式中的方次加 1 表示从父母到子代，还有一个世代。

如共同祖先不是近交所生个体，即 $F_A=0$，公式简化为：$F_x=\sum\left(\frac{1}{2}\right)^{n_1+n_2+1}$ 因此，

半同胞后代（图 8-1）的近交系数为：$F_x=\left(\frac{1}{2}\right)^{1+1+1}=\frac{1}{8}=12.5\%$

全同胞后代（图 8-2）的近交系数为：

$$F_x=\left(\frac{1}{2}\right)^{1+1+1}+\left(\frac{1}{2}\right)^{1+1+1}=25\%$$

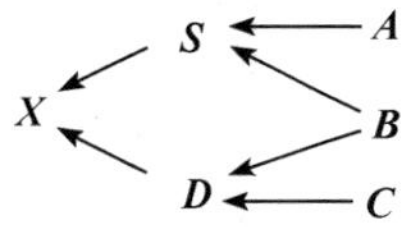

图 8-1　半同胞交配系谱

亲子交配后代（图 8-3）的近交系数为：$F_x=\left(\frac{1}{2}\right)^{1+0+1}=25\%$

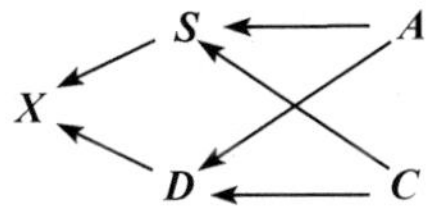

图 8-2　全同胞交配系谱图

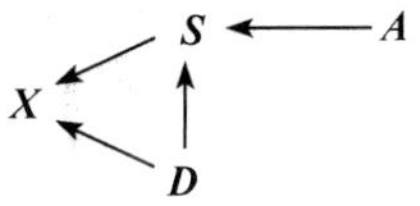

图 8-3　亲子交配系谱图

共同祖先自身是近交个体的情况下（图 8-4），x 个体的近交系数为：

$$F_x=\left(\frac{1}{2}\right)^{1+1+1}\cdot\left[1+\left(\frac{1}{2}\right)^{1+1+1}\right]=14.06\%$$

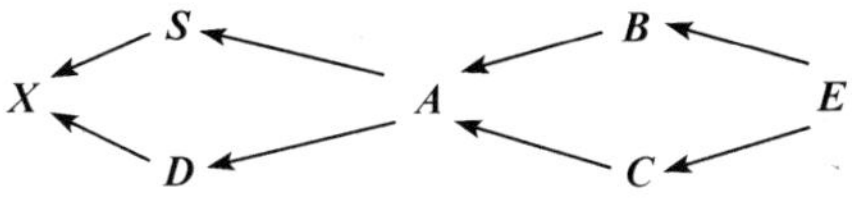

图 8-4　共同祖先为近交个体的箭头式系谱

根据通径系数原理可推导近交系数的迭代公式如下：

连续自交下，第 t 代个体的近交系数为：$F_t=\frac{1}{2}(1+F_{t-1})$

连续用全同胞交配，第 t 代个体的近交系数为：$F_t=\frac{1}{4}(1+2F_{t-1}+F_{t-2})$

连续半同胞交配条件下，第 t 代个体的近交系数为：$F_t=\frac{1}{8}(1+6F_{t-1}+F_{t-2})$

连续与同一个体回交情况下，第 t 代个体的近交系数为：$F_t=\frac{1}{4}(1+2F_{t-1})$

2. 共亲系数法

近交系数的计算还可采用共亲系数法。一个个体的近交系数依赖于双亲的共同祖先数，两亲本因为基因同源产生的相关即共亲系数，用 C 表示。任意 2 个个体的共亲系数等于二者

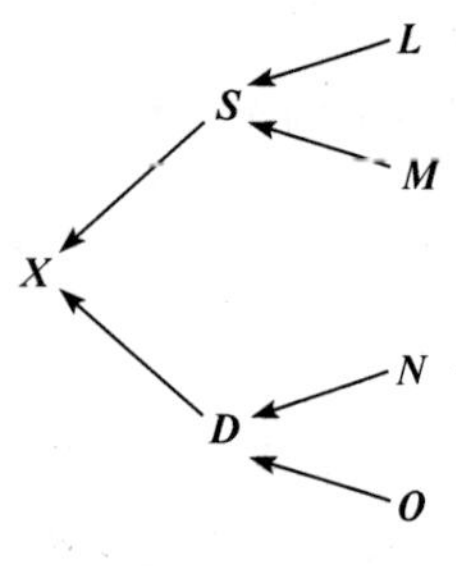

图 8-5 任意系谱图

交配所生后代的近交系数。因此,利用共亲系数法计算个体近交系数的基本原理与公式法相同。

假设有如图 8-5 的一般化系谱,X 的亲本 S 产生的两配子分别为 a、b,另一亲本 D 产生的两配子分别为 c、d,$P(a=b)$表示配子 a、b 来源于同一共同祖先的概率。因此,S、D 的共亲系数为:

$$C_{SD}=\frac{1}{4}[P(a=c)+P(a=d)+P(b=c)+P(b=d)]$$

两个体的共亲系数又等于各自父母共亲系数的平均数,也等于一个体与另一个体亲本共亲系数的平均数,即:

$$C_{SD}=\frac{1}{4}(C_{LN}+C_{LO}+C_{MN}+C_{MO})=\frac{1}{2}(C_{SN}+C_{SO})=\frac{1}{2}(C_{DL}+C_{DM})$$

某个体与其自身的共亲系数等于该个体任一随机基因与该位点随机基因同源相同的概率。就二倍体而言,一个基因与其自身同源相同的概率为 1,而与该位点另一基因同源相同的概率为个体的近交系数 F,两个概率的平均数即为该个体与其自身的共亲系数,即:

$$C_{XX}=\frac{1}{2}(1+F_X)\Longrightarrow F_X=2C_{XX}-1$$

3. 列表法

当只计算某一个体的近交系数时,用公式法或共亲系数法都很容易计算。若需计算个体间相互有亲缘关系的一个群体中各个体的近交系数,用列表法就简单些。下面举例说明。

假设有 A、B、C、D、E、G、H、I、X 等个体组成的小群体,个体相互间的关系如图 8-6 所示,现用列表法求群体中各个体的近交系数。

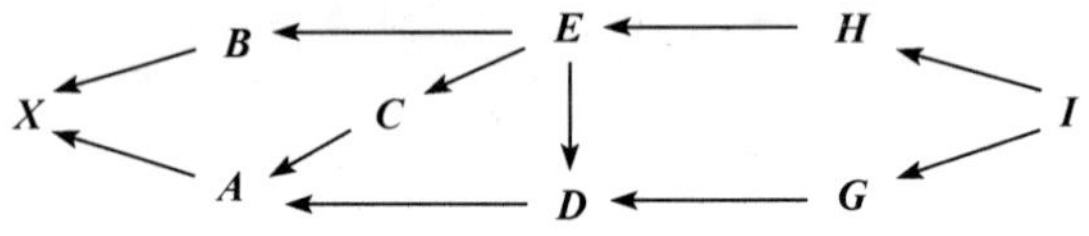

图 8-6 X 系谱图

(1)将系谱中所有个体按世代先后排列在表的首行和首列(表 8-1);

表 8-1 个体间共亲系数

		I	I	HG	GE	E	E	DC	BA
	I	H	G	E	D	C	B	A	X
I	1/2	1/4	1/4	1/4	1/4	1/8	1/8	3/16	5/32
H		1/2	1/8	5/16	7/32	5/32	5/32	6/32	11/64
G			1/2	5/16	13/32	5/32	5/32	9/32	7/32
E				9/16	14/32	9/32	9/32	23/64	41/128
D					21/32	7/32	7/32	7/16	21/64
C						1/2	9/64	23/64	1/4
B							1/2	23/128	87/256
A								39/64	101/256
X									151/256

(2)将各个体的父母标在首行各个体的上方，未知者不标，且其近交系数视为0；

(3)根据下列公式依次计算个体两两间的共亲系数，计算结果如表8-1所示。

$$F_X = C_{X_s X_d};\quad C_{XX} = \frac{1}{2}(1 + F_X);\quad F_X = 2C_{XX} - 1$$

$$C_{XY} = C_{YX} = \frac{1}{2}(C_{XY_s} + C_{XY_d}) = \frac{1}{4}(C_{X_s Y_s} + C_{X_s Y_d} + C_{X_d Y_s} + C_{X_d Y_d})$$

根据表8-1中对角线上的数据即可求出各个体的近交系数分别为：

$$F_I = F_H = F_G = F_C = F_B = 0$$

$$F_E = \frac{1}{8};\quad F_D = \frac{5}{16};\quad F_A = \frac{7}{32};\quad F_X = \frac{23}{128}$$

(三)群体近交系数的计算

群体近交系数可以畜群中各个体近交系数的平均数来表示。群体近交系数的估算方法视群体结构和大小而定。

1. 规则近交群体的近交系数计算

所谓规则近交，即亲缘关系相同的个体间交配，且每代相同。例如，每代都用全同胞交配、半同胞交配、亲子交配等等。一些常见的规则近交各代的近交系数如表8-2所示。

表8-2　规则近交下各代的近交系数

近交世代	全同胞交配	半同胞交配	亲子交配	与同一亲本($F=0$)回交
1	0.250	0.125	0.250	0.250
2	0.375	0.219	0.375	0.375
3	0.500	0.305	0.500	0.438
4	0.594	0.381	0.594	0.469
5	0.672	0.449	0.672	0.484
⋮	⋮	⋮	⋮	⋮
∞	1	1	1	0.500

2. 小群体近交系数的计算

当畜群规模较小时，可分别求出各个体的近交系数 F_x，以个体 F_x 的平均数来表示群体的近交系数；也可将畜群中的个体按近交程度分类，以各类近交系数的加权均值来表示群体的近交系数。

3. 大群体近交系数的计算

当群体较大时，可根据数理统计原理，随机抽取一定数量的个体组成样本，逐个计算样本中各个体的近交系数(F_x)，以样本平均数($\bar{F}_x$)来表示群体的近交系数。

4. 封闭群体近交系数的计算

对于长期不引进外血的闭锁畜群，其群体平均近交系数可采用下述方法进行估计。

当每代近交系数增量(ΔF)不变时，其近交系数计算公式为：

$$F_t = 1 - (1 - \Delta F)^t$$

当每代近交系数增量(ΔF)有变化时,其近交系数计算公式为:

$$F_t=\Delta F+(1-\Delta F)\cdot F_{t-1}$$

式中:F_t 为第 t 世代的畜群近交系数;

F_{t-1} 为第 $t-1$ 世代畜群近交系数;

ΔF 为每代近交系数增量,$\Delta F=\frac{1}{2N_e}=\frac{1}{2t}\left(\frac{1}{N_1}+\frac{1}{N_2}+\cdots+\frac{1}{N_t}\right)$;

t 为世代数。

ΔF 的计算公式因留种方式不同可作简化:

(1)当各家系不等量留种时:$\Delta F=\frac{1}{8N_S}+\frac{1}{8N_D}$

其中:ΔF 表示畜群平均近交系数的每代增量;N_S 表示每代参加配种的公畜数;N_D 表示每代参加配种的母畜数。

(2)当各家系等量留种时:$\Delta F=\frac{1}{32N_S}+\frac{1}{32N_D}$

当 $N_D \gg N_S$ 时,$\Delta F=\frac{1}{8N_S}$(各家系内不等量留种时),或 $\Delta F=\frac{1}{32N_S}$(各家系内等量留种时)。

一般地,当畜群中母畜数在 12 头以上时,可略去母畜的部分。为防止近交衰退的发生,提倡各家系等量留种。

(四)亲缘系数的计算

亲缘系数是指两个体间的遗传相关系数,即两个体加性基因效应间的相关系数,用 R_{SD} 表示。亲缘系数与近交系数的区别可用图 8-7 表示,F_x 反映的是组成 x 个体的两个配子间的相关程度,而亲缘系数体现的是 x 个体的两亲本间的遗传相关程度。

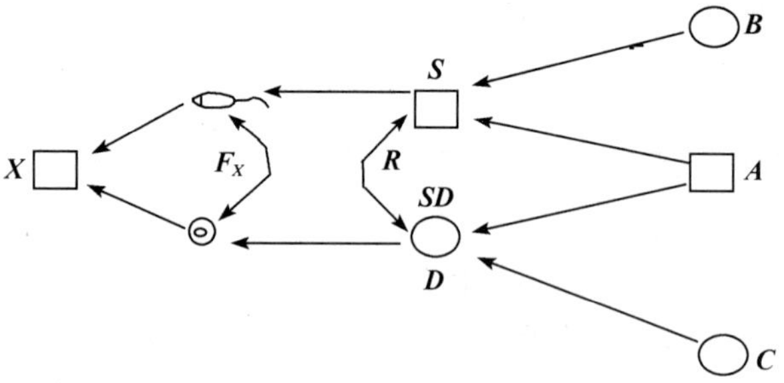

图 8-7　亲缘系数与近交系数间的关系

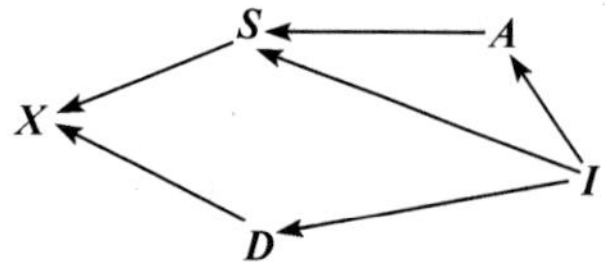

图 8-8　亲缘关系示意图

凡有亲缘关系的动物个体间其基因流动关系有 2 种情况:一是单纯地由亲代向子代进行传代的线性关系称为直系亲缘关系,有直系亲缘关系的个体相互称为直系亲属;二是复杂地由同一祖先构成的彼此间的线性联系称为旁系亲缘关系,有旁系亲缘关系的个体相互称为旁系亲属。如图 8-8 所示,X 个体与 S、D、A 和 I 间,S 与 A 和 I 间,D 与 I 间均为直系亲缘关系，而 S 与 D 间、D 与 A 间则为旁系亲缘关系。

1. 直系亲属间的亲缘系数计算

个体 x 与其某个直系亲属间的亲缘系数计算公式为：

$$R_{xA}=\sum\left(\frac{1}{2}\right)^{N}\sqrt{\frac{1+F_A}{1+F_x}}$$

式中：F_{xA} 为 x 个体到其直系亲属 A 个体间的亲缘系数；N 为由个体 X 到其直系亲属 A 的世代数；F_x 为 x 个体的近交系数；F_A 为 A 个体的近交系数。

例如：X、D、S、I 个体间的关系如图 8-9 所示，试计算 X 个体与 S 个体间的亲缘系数。

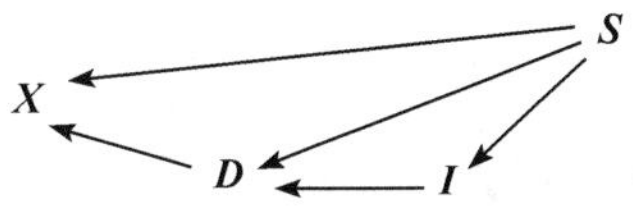

图 8-9　X 个体系谱图

$$F_X=\left(\frac{1}{2}\right)^{1+0+1}+\left(\frac{1}{2}\right)^{2+0+1}=0.375,F_S=0$$

$$F_{XS}=\left[\left(\frac{1}{2}\right)^{1}+\left(\frac{1}{2}\right)^{2}+\left(\frac{1}{2}\right)^{3}\right]\cdot\sqrt{\frac{1+0}{1+F_x}}=0.746\ 1$$

注意：计算直系亲属间的亲缘系数时，通径链始于一个体，止于其直系亲属，中途不转换方向。

2. 旁系亲属间的亲缘系数

旁系亲属间的亲缘系数计算公式为：$R_{SD}=\dfrac{\sum\left[\left(\frac{1}{2}\right)^{N}(1+F_A)\right]}{\sqrt{(1+F_S)(1+F_D)}}$

式中：R_{SD} 表示个体 S 和 D 间的亲缘系数；

N 表示个体 S 和 D 分别到共同祖先的世代数之和，即：$N=n_1+n_2$；

F_S 表示个体 S 的近交系数；F_D 表示个体 D 的近交系数；

F_A 表示 S、D 的共同祖先的近交系数。

注意：个体的近交系数实际等于双亲的亲缘系数乘以 $\sqrt{\dfrac{(1+F_S)(1+F_D)}{2}}$。若双亲均为非近交个体，即 $F_S=F_D=0$，则个体的近交系数等于其双亲亲缘系数的 1/2。如半同胞（图 8-10）的亲缘系数为：

$$R_{SD}=\frac{\left(\frac{1}{2}\right)^{2}\cdot(1+0)}{\sqrt{(1+0)(1+0)}}=\frac{1}{4}=0.25=2F_x$$

全同胞（图 8-11）的亲缘系数为：

$$R_{SD}=\frac{\left[\left(\frac{1}{2}\right)^{2}+\left(\frac{1}{2}\right)^{2}\right]\cdot(1+0)}{\sqrt{(1+0)(1+0)}}=\frac{1}{2}=0.5=2F_x$$

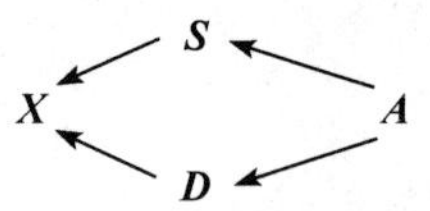

图 8-10 半同胞示意图

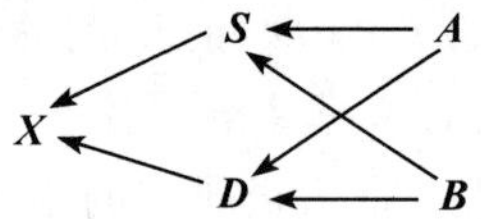

图 8-11 全同胞示意图

五、作业与思考

(1)根据图 8-12,用罗马数字法表示个体 X 的近交程度。

(2)根据图 8-12,用公式法或共亲系数法计算 X 个体的近交系数。

(3)用列表法计算图 8-12 中各个体的近交系数。

(4)根据图 8-12,分别计算 X 个体与 U 个体、A 个体与 B 个体的亲缘系数。

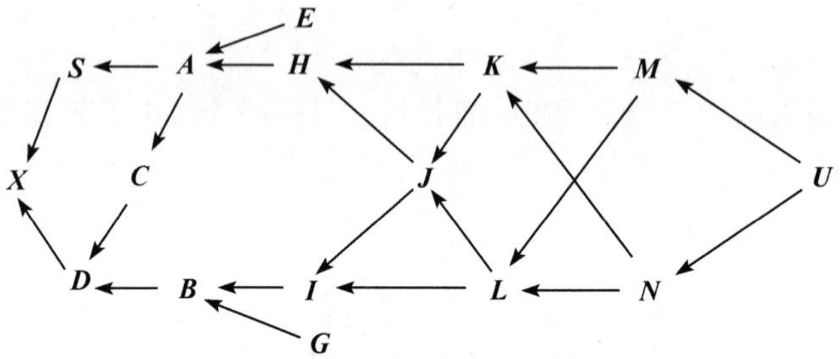

图 8-12 X 个体系谱图

(5)在一个 100 头牛的牛群中,按近交程度分类,属于祖孙交配的有 18 头,半同胞交配的有 36 头,全同胞交配的有 25 头,父女交配的有 10 头,其余全为叔侄或姑侄交配,试计算该牛群的平均近交系数。

实验九　群体有效含量的计算与育种和保种规划

传统的品种原位保存方法要求尽量保存一个群体基因库的平衡，力争使其中的每一个基因都不丢失。为此，根据群体遗传学理论，要求有一个大的群体，并且实行随机留种和随机交配，使之尽量不受突变、选择、迁移、遗传漂变等影响。然而，在实际的畜禽遗传资源保存中，许多情况下是以保种群的形式实施的，这些保种群往往是一个闭锁的有限群体，即使没有影响群体遗传结构的系统性因素存在，也会因群体小带来配子的抽样误差，造成群体基因频率的随机遗传漂变，使群体中一对等位基因的纯合子频率升高、杂合子频率下降，甚至可能固定为纯合子，另一个基因丢失。因此，对保种群而言就要尽量降低这种随机遗传漂变的作用，它的大小是可以依据群体有效含量来预测的，但是其作用方向是不定的。

从遗传漂变的理论考虑，留种数量和方式影响保种效果。对于正常的动物品种，其各个基因位点既有纯合的也有杂合的，进行保种就是要求保住群体内纯合与杂合的比例关系不变。因此，保种的重点在于防止各位点内等位基因的过度纯合。而控制住等位基因的过度纯合，则与群体有效含量和留种方式有密切关系。

一、实验目的

熟悉并掌握不同情况下，群体有效含量的计算方法，弄清群体有效含量与近交系数增量间的关系。并能根据具体育种群和保种群体的实际情况，进一步提出育种和保种规划。

二、实验内容

计算以下不同情况的群体有效含量，并对具体育种群和保种群提出育种和保种规划。

(1)公母比例相等，随机留种时。

(2)公母比例相等，各家系等量留种时。

(3)公母比例不等，随机留种时。

(4)公母比例不等，各家系等量留种时。

(5)连续世代中，繁殖个体数量不等时。

三、实验仪器与材料

计算器。

四、实验原理和方法

为了研究群体遗传漂变的效应，需要一种理想化的群体，这种理想群体是群体含量在世代间保持恒定，群体内个体完全随机交配，不出现世代重叠，无其他任何系统性因素影响。群体有效含量就是与实际群体有相同基因频率方差或相同的杂合度衰减率的理想群体含量，记为N_e，它决定了群体平均近交系数增量(记为Δf)的大小，反映了群体遗传结构中基因的平均纯合速度。当初始群体的近交系数为零时，t世代的近交系数f_t与近交系数增量Δf的关系如下：

$$\Delta f=\frac{1}{2N_e} \tag{9-1}$$

$$f_t=1-(1-\Delta f)^t \tag{9-2}$$

下面具体讨论群体有效含量的计算方法：

(一)公母比例相等时留种

当公母比例相等时留种，因个体间繁殖能力不等，将会导致不同父母(家系)所留下的后代数多少不一，结果家系含量不同致使种群有效含量降低。这时计算群体有效含量的公式是：

$$N_e=\frac{4\times N}{\sigma^2+2} \tag{9-3}$$

式中：N代表群体实际含量，公母畜数各半；

σ^2代表各家系含量方差。

1. 各家系随机留种

从公式(9-3)可以看出，如果某个群体大小保持不变，要求每对父母留下性别不同的2个后代时，在随机留种条件下，每个家系留下的后代数量的多少是一个泊松分布，即家系含量方差等于每家系留种的平均数($\sigma^2=2$)。代入公式(9-3)得：

$$N_e=\frac{4\times N}{2+2}=N$$

其结果表明：群体有效含量等于繁殖群体的大小。

2. 各家系等数留种

当各家系等数留种时，每个家系(每对父母)都留等数后代，这时家系含量方差$\sigma^2=0$，代入公式(9-3)得：

$$N_e=\frac{4\times N}{2+0}=2N$$

在家系等数留种条件下，群体有效含量等于繁殖群体的个体总数的2倍。表明对各家系进行非随机的等数留种有助于增加群体有效含量。这是家畜(禽)育种中减缓近交常用的方法。

示例：例如保种繁殖群体公母各10头时，试比较采用各家系随机留种和等数留种时的N_e，Δf和f_{10}。

应用有关公式分别解出得：

随机留种时：

$$N_e=\frac{4\times 20}{2+2}=20 \quad \Delta f=\frac{1}{2N_e}=\frac{1}{2\times 20}=0.025$$

$$f_{10}=1-(1-0.025)^{10}=0.2237$$

等数留种时：

$$N_e=\frac{4\times20}{2+0}=40\quad \Delta f=\frac{1}{2N_e}=\frac{1}{2\times40}=0.0125$$

$$f_{10}=1-(1-0.0125)^{10}=0.1182$$

(二)公母比例不相等的随机留种

保种最常遇到的情况都是每代公畜留种头数少和母畜留种头数多，这就是公母比例不相等的留种。要将公少母多的实际繁殖群体折合成雌雄各半进行随机交配的理想群体大小后可称为群体有效含量。对于公母比例不相等的随机留种群体，其有效含量为两性个体数的调和均数(Harmonic mean，H)2 倍。即

$$N_e=\frac{4N_SN_D}{N_S+N_D}\qquad \Delta f=\frac{1}{2N_e}=\frac{1}{8N_S}+\frac{1}{8N_D} \tag{9-4}$$

式中：N_e 代表群体有效含量；

N_S 代表公畜数量；

N_D 代表母畜数量；

Δf 代表近交速率，亦即每代近交增量。

示例：当保种群体每代均从群内随机选留 10 头公猪和 50 头母猪时，试问 10 代后的保种效果如何？

将有关数据代入上面公式(9-4)后则得：

$$N_e=\frac{4\times10\times50}{10+50}=33.3\quad \Delta f=\frac{1}{2\times33.3}=0.015 \text{ 或 } 1.5\%$$

$$f_{10}=1-(1-0.015)^{10}=0.1403 \text{ 或 } 14.03\%$$

这一结果表明：该猪群的公母猪总数虽为 60 头，但由于两性数目不等(10♂：50♀)，其基因丢失概率与近交速率，和总数只有 33.3 头且公母各半的理想群体相同。而且，这样大小的保种群体经 10 代繁殖，群体将有 86%(1－0.140 3＝0.859 7)左右被保住了。

(三)公母比例不等的各家系内等数留种

当不易实现公母两性个体等数留种时，可在留种群内按家系进行等量留种，即留种群内每头公畜和母畜都留有自己的后代。这时计算公母比例不等而家系含量方差为零的群体有效含量的公式是：

$$N_e=\frac{16N_SN_D}{N_S+3N_D}\qquad \Delta f=\frac{1}{2N_e}=\frac{3}{32N_S}+\frac{1}{32N_D} \tag{9-5}$$

式中：N_e 代表群体有效含量；

N_S 代表公畜数量；

N_D 代表母畜数量；

Δf 代表近交速率，亦即每代近交增量。

示例：仍以 10 头公猪和 50 头母猪的猪群为例。预测 10 代后的保种效果如何？

将上述数据代入公式 9-5 后则得：

$$N_e=\frac{16\times10\times50}{10+3\times50}=50 \qquad \Delta f=\frac{1}{2\times50}=0.01\text{ 或 }1\%$$

$$f_{10}=1-(1-0.01)^{10}=0.0956\text{ 或 }9.56\%$$

通过比较可以看到，采用随机留种时的群体有效含量，只相当于采用各家系等数留种法时的 2/3，因而近交系数随世代上升的速度也要加快 50%。而且，这样大小的保种群体经 10 代繁殖，群体将有 91%(1－0.095 6＝0.904 4)左右被保住了。这就说明，为欲取得保种的成功，以采用各家系等数留种法为好。

(四)连续世代中平均的群体有效含量

在保种过程中，由于各种因素可使每一世代难以保持群体有效含量恒定不变，那么，连续多个世代平均的群体有效含量就是各世代群体有效含量的调和均数。

设世代数为 t，第 i 代有效含量为 N_{e_i}，则有

$$\frac{1}{N_e}=\frac{1}{t}\left(\frac{1}{N_{e_1}}+\frac{1}{N_{e_2}}+\cdots+\frac{1}{N_{e_t}}\right)=\frac{1}{t}\sum_{i=1}^{t}\frac{1}{N_{e_i}}$$

$$\Delta f=\frac{1}{2N_e}=\frac{1}{2t}\left(\frac{1}{N_{e_1}}+\frac{1}{N_{e_2}}+\cdots+\frac{1}{N_{e_t}}\right) \tag{9-6}$$

示例：保种群体连续 3 个世代的有效规模分别为 100，30，50 时，试问 3 代平均的群体有效含量和近交系数增量以及此时群体的平均近交系数是多少？

将上述数据代入公式 9-6 则得：

$$N_e=\frac{3\times100\times30\times50}{100\times30+100\times50+30\times50}=47.4$$

$$\Delta f=\frac{1}{2\times47.4}=\frac{1}{2\times3}\left(\frac{1}{100}+\frac{1}{30}+\frac{1}{50}\right)=0.0105\text{ 或 }1.05\%$$

$$f_3=1-(1-0.0105)^3=0.0312\text{ 或 }3.12\%$$

从计算结果看出，规模最小的世代对群体 t 代平均有效规模的影响最大，而且，群体平均近交系数增量也主要取决于有效含量最小的世代群体规模。群体有效含量越小，它导致群体遗传漂变越严重。如果群体含量在某一世代急剧下降，它将对群体遗传结构产生深远影响，即产生所谓的瓶颈效应(bottleneck effect，BE)。这种影响即使在群体恢复原样后仍将持续很长时间。因此，对于遗传资源保存而言，应尽量保持每个世代的群体规模一致，减少保种群体出现“瓶颈效应”。

五、作业与思考

(1)如果要使一个鸡群每世代近交系数增量不超过 0.25%，并确定公母比例为 1∶5，实行家系等量留种，试问保种的基础群应有多少只公鸡和母鸡？

(2)今有 2 个由 100 只母鸡和 10 只公鸡组成的鸡群，分别采用随机留种法和各家系等量留种法，计算比较经 10 代后的两种方法保种效果如何？

(3)有 A、B、C 3 个畜群，总头数都是 100 头，计算各群体的有效含量和近交系数增量，并

综合分析计算结果。

A 群：$N_D=50$，$N_S=50$

B 群：$N_D=80$，$N_S=20$

C 群：$N_D=95$，$N_S=5$

(4)如果初始群体只有种公畜 5 头，种母畜 9 头，以后 5 个世代保持种公畜 10 头，种母畜 50 头，在随机留种情况下，平均的群体有效含量和近交系数增量以及此时群体的平均近交系数分别是多少？

第二部分

实践技能型实验

实验十　畜禽部位识别与体尺测量

畜禽的体表部位是以身体各骨骼为基础的各种组织的外在表现。我们认识和了解家畜品种或个体首先是从外形开始的，而体表各部位则构成了家畜外形的全部。通过部位识别可以了解外形特点和内部机能之间的相互关系，为正确鉴定家畜奠定基础。通过体尺测量则可了解家畜的生长发育状况，并为体型线性评定提供基础数据。

一、实验目的

(1)通过部位识别，掌握家畜体表各部位的名称、起止范围、外部形态和内部结构，为体尺测量、外形鉴定和体型的线性评定打下基础。

(2)通过体尺测量，要求能准确掌握各体尺的起止点和测量方法。

二、实验内容

(1)部位识别，包括头、颈、鬐甲、背、腰、尻、胸、腹、乳房、四肢、蹄等主要的体表部位。

(2)体尺测量，包括长度、宽度、深度、角度和围度等主要体尺的测量。

(3)注意事项，实验人员及实验动物的安全，以及保证和提高实验结果准确性应注意的事项。

三、实验仪器与材料

(1)根据实验条件，实验动物应选择乳牛等大型家畜为好，其次选择绵羊、山羊或猪。

(2)测量工具主要有以下几种：

①杖尺：用于测量长度、宽度、深度和长度等方面的体尺。具有携带和使用方便，测量时不易变形，精确度高的优点，广泛应用于大家畜的体尺测量。

②卡尺：主要用于测量宽度、深度及角度方面的体尺，使用前应注意工具的校正。

③卷尺：主要用于测量长度及围度方面的体尺，与其他测量工具相比，在测量长度体尺时，其测量结果要大一些，所以应注明测量工具的名称。

四、实验原理与方法

(一)部位识别

动物育种中，通常将一个个体从整体上分为头部、颈部和躯干部，进行部位识别就是按照由前到后的顺序依次对各部分包含的重要部位进行认识和了解。这些部位主要有:头、颈、鬐甲、背、腰、尻、胸、腹、乳房、四肢、蹄等。现分述如下。

1. 头部

以角根或耳根的后侧到下颚后缘的连线与颈部分界。包括有以下部位：

(1)额:以额骨为基础,上自两角根或两耳根连线,下至两眼内角连线。在两角根连线的最高处称额顶,牛即为枕骨脊所在处,马在此处着生鬣毛。

(2)鼻镜:为光滑湿润无毛的部位,分布在鼻孔周围,为牛等所特有。猪因其鼻孔与上唇均在同一平面上,故称鼻喙(鼻吻)。

(3)下颚：以下颚骨为基础。二下颚间的凹陷部分称颚凹,亦称槽口。

(4)脸(颜面)：上至两眼连线,下连鼻镜,两侧与颊相连,其中央为明显隆起的鼻梁。

(5)颐:是指位于马下唇下前方的圆形隆起部位。

2. 颈部

以鬐甲前缘到肩端的连线与前躯分界,主要部位包括：

(6)颈脊:是颈上缘的隆起肥厚部分,为公牛的第二性征之一。马的颈上缘称鬣床,着生鬣毛。

(7)垂皮:为牛颈下缘的游离皮肤,借以增加散热面积。细毛羊在此部位有发达的纵皱褶。

3. 前躯

以前肢诸骨为基础,以肩胛软骨后缘到肘端的连线与中躯分界,主要部位包括：

(8)前胸:为向前突出于两前肢间的胸部。

(9)鬐甲:是介于颈背之间的隆起部位。它以脊椎的中间几个棘突为基础,两侧与肩胛软骨上缘相连。

(10)肩:以肩胛骨为基础,在体躯的两侧。役畜的肩与颈接合处叫"挽床"。乳牛的肩胛后方,常有一微凹的地方叫"肩窝"。

(11)肩端:为肩关节的体表部位,即前躯两侧下方向前突出的部位。

(12)上膊:以上膊骨为基础,位于肩端之下后方。

(13)肘端:以肘关节的尺骨头为基础,为前躯两侧向后突出的部位。

(14)前膊:以桡骨和尺骨为基础,是介于肘和腕之间的体表部位。马在四肢此部位的内侧,各有一块角质附生物叫"附蝉"。驴只在前肢内侧处才有。

(15)腕(前膝):是腕关节的体表部位。

(16)管:是以大掌骨为基础的体表部位。

(17)球节:是以管下的关节为基础的体表部位。马在球节下后方有一丛长毛叫"距毛"。牛、羊、猪则在此处有两个角质退化的指骨叫"悬蹄"。

(18)系:位于球节和蹄之间,以四肢的系骨为基础。

4. 中躯

以腰角前缘到膝关节的连线与后躯分界,主要部位包括：

(19)背:以最后6～8个脊椎为基础,是指从鬐甲到腰部的体表部位,两侧与肋相连。"背线"则是指由鬐甲至尾根的全长。

(20)胸：以肋骨为基础，位于中躯两侧。

(21)腰：以腰椎为基础，无肋骨相连。

(22)肷(腰窝)：是肋骨后、腰角前、腰椎下的无骨部分，呈三角形。肉用家畜因皮下脂肪发达，该部位与肋平齐，故合并称之为体侧。

(23)腹：是整个腹腔的体表部位。

(24)胁(腋)：是体躯与四肢相连的下凹处，可分前胁与后胁。

(25)乳静脉：是腹下 2 条由左右乳房到乳井进入胸腔的静脉。乳牛此静脉粗而弯曲。

(26)乳井：为乳静脉进入胸腔的两个凹陷部位，乳牛大而深。

5. 后躯

主要部位包括(生殖器与飞节以下各部位的介绍从略)：

(27)乳房：是母畜乳腺组织的体表部位。乳房下牛和骆驼有 4 个乳头，马和羊 2 个，猪一般在 12 个以上。

(28)乳镜：位于阴户下的两股间，乳牛此部位大而有细微皱纹。

(29)腰角：以肠骨外角为基础，它是后躯两侧突出的棱角。两腰角连线与背线相交处，称为"十字都"。

(30)臀角：是髋关节的体表部位。

(31)臀端(坐骨端)：位于肛门两侧，以坐骨结节为基础。

(32)尻：位于后躯之上，以荐椎为基础。它以腰角、臀角和臀端的连线与大腿分界。

(33)大腿：以股骨为基础，上接尻，前连肷，是肌肉最多之处。大腿之后，乳镜两侧，半膜肌的体表部位称"臀"。

(34)膝(后膝)：是膝关节的体表部位。

(35)小腿：以胫、腓骨为基础的体表部位，位于膝之下，飞节之上。

(36)飞节：为跗关节的体表部位。飞节后方的突起部分称"飞端"。

(37)尾：以最前一个可以自由活动的尾椎为起点。牛尾末端有许多长毛称"尾帚"。

(二)体尺测量

家畜体表各部位，不论是长度、宽度、高度和角度，凡用数字表示其大小者均称为体尺。体尺种类很多，测量多少可根据具体目的和畜种而定。生产中多测量体高、体长、胸围、管围 4 项，但研究工作中测量项目可有：

1. 体高(鬐甲高)

用杖尺测量鬐甲顶点至地面的垂直距离。测量时先使主尺垂直竖立在畜体左前肢附近，再将上端横尺平放于鬐甲的最高点(横尺与主尺须成直角)，即可读出主尺上的高度。

2. 背高

用杖尺测量背部最低点至地面的垂直距离。

3. 尻高(荐高)

用杖尺测量荐部最高点至地面的垂直距离。

4. 臀端高(坐骨端高)

用杖尺测量臀端上缘到地面的垂直距离。

5. 前肢高

在马是用杖尺量取肘端上缘至地面的垂直距离。也可用鬐甲高减去胸深来表示，但必须加以注明。

6. 体长(体斜长)

是肩端前缘到臀端后缘的直线距离。用杖尺和卷尺都可量取，前者得数比后者略小一些，故在此体尺后面，应注明所用量具。对猪来说则是用卷尺量取的两耳连线中点到尾根的水平距离。

7. 头长

用卡尺测量额顶至鼻镜上缘(牛等)或鼻端(马)的直线距离。

8. 颈长

用卷尺量取由枕骨脊中点到肩胛前缘下1/3处的距离。

9. 尻长

用卡尺量取腰角前缘到臀端后缘的直线距离。

10. 胸宽

将杖尺的两横尺夹住两侧肩胛后缘下面的胸部最宽处，便可读出其宽度。

11. 额宽

有2种测量方法，较多测量的是最大额宽。

(1)最大额宽：用卡尺量取两侧眼眶外缘间的直线距离。

(2)最小额宽：用卡尺量取两侧颞颥外缘间的直线距离。

12. 腰角宽

用卡尺量取两腰角外缘间的水平距离。

13. 臀端宽(坐骨结节宽)

用卡尺量取两臀端外缘间的水平距离。

14. 胸深

用杖尺量取鬐甲至胸骨下缘的垂直距离。测量时沿肩胛后缘的垂直切线，将上下两横尺夹住背线和胸底，并使之保持垂直位置。

15. 头深

用卡尺量取两眼内角连线中点到下颚下缘的垂直距离。

16. 胸围

用卷尺在肩胛后缘处测量的胸部垂直周径。

17. 腹围

用卷尺量取腹部最大处的垂直周径，较多用之于猪。

18. 管围

用卷尺量取管部最细处的水平周径，其位置一般在掌骨的上1/3处。

19. 腿臀围(半臀围)

用卷尺由左侧后膝前缘突起，绕经两股后面，至右侧后膝前缘突起的水平半周。该体尺一般多用于肉用家畜，表示腿臀部肌肉的发育程度。

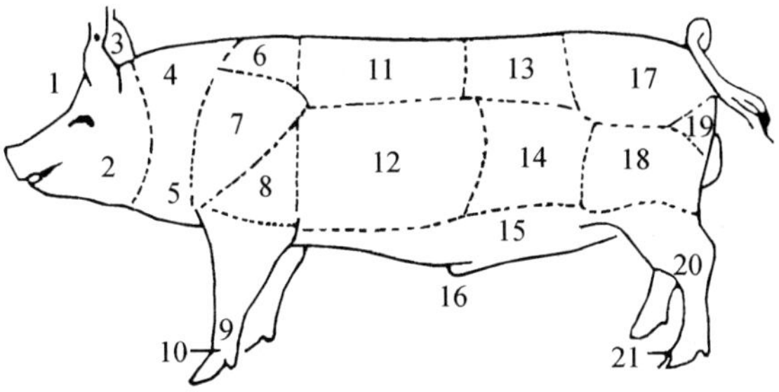

图 10-1　猪的外形部位

1.头部　2.下颚　3.头顶　4、5.颈部　6.鬐甲　7.肩胛　8.肩　9.管部　10、21.系　11.背部　12.胸体侧　13.腰部　14.肷部　15.下腹　16.包皮　17.臀部　18.大腿　19.坐骨　20.飞节

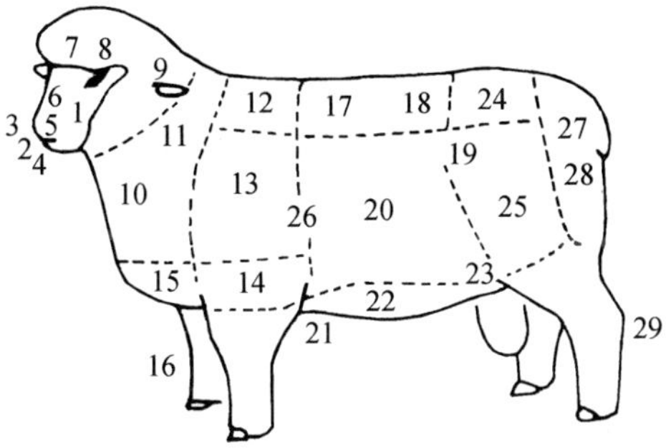

图 10-2　绵羊外形部位

1.脸　2.口　3.鼻孔　4.唇　5.鼻　6.鼻梁　7.额　8.喉　9.垂皮　10.前胸　11.鬐甲　12.肩　13.肩端　14.肘部　15.前胸　16.前肢　17.背部　18.腰部　19.腰角　20.体侧　21.前胁　22.腹部　23.后胁　24.荐部　25.股部　26.胸带部　27.尾根　28.尻部　29.后肢

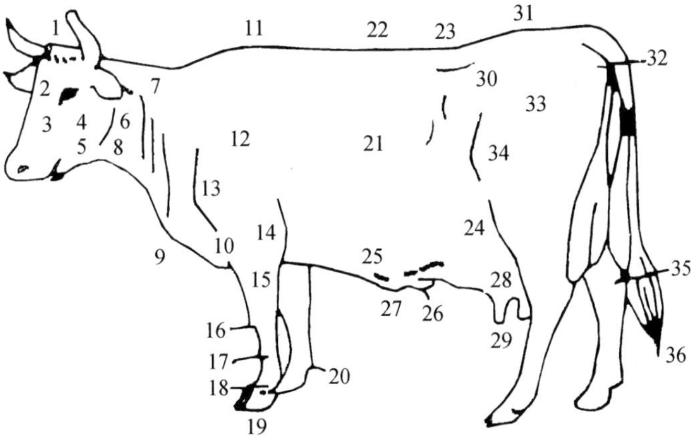

图 10-3　乳牛外形部位

1.头顶部　2.额部　3.鼻梁和脸　4.脸颊　5.下颌　6.颈部　7.后颈　8.喉　9.垂皮　10.前胸　11.鬐甲　12.肩部　13.肩端　14.肘部　15.前臂　16.腕部　17.掌部　18.系部　19.蹄　20.悬蹄　21.胸肋部　22.背部　23.腰部　24.后肋　25.乳井　26.乳静脉　27.脐　28.乳房　29.乳头　30.臀角　31.荐部　32.坐骨端　33.股部　34.膝部　35.飞节　36.尾帚

(三)注意事项

(1)进入牧场和畜舍前要注意消毒,并保持安静。

(2)接触家畜时,应从其左前方缓慢接近,并注意有无恶癖,必要时要进行合理保定,以确保人身安全。

(3)按实习指导所要求的部位顺序,逐一进行识别,并同时熟悉各部位的名称、起止范围、外部形态和内部结构。

(4)测量前应对测量器械进行校正,测量时将测量工具轻轻对准测量点,并注意其松紧程度,使其紧贴体表,不能悬空量取。

(5)所测家畜站立的地面要平坦,不能在斜坡或高低不平地面上测量,股势应端正。

五、作业与思考

(1)绘出实验家畜的外形轮廓图,将实验指导所提出的各个部位逐一标出。

(2)掌握主要体尺的起止范围,并对实验家畜的各种体尺进行测量。

实验十一　动物的摄影与摄像

一、实验目的

初步掌握摄影和摄像技术，并熟悉动物摄影和摄像的基本要求。

二、实验内容

(1)动物摄影技术及其注意事项。

(2)动物摄像技术及其注意事项。

三、实验仪器与材料

照相机、胶卷、摄像机、录像带。

四、实验原理与方法

动物摄影和摄像的目的，主要在于能真实反映客观实在，丰富畜禽相关内容和知识，便于传播和交流。如果拍摄的照片和录像与实际有很大出入，也就失去科学上的意义。动物照片和录像要从畜牧学的观点来衡量。

(一)动物摄影

目前使用的相机按大类可分为2类，一类是传统的胶片照相机，另一类为数码照相机。下面重点介绍传统照相机的拍摄技术和注意事项。

1. 摄影技术

摄影前首先应仔细阅读照相机的使用说明书，熟悉相机的结构与功能、主要性能规格和对使用胶卷的要求。传统的照相机一般由机身、镜头、取景器(包括取景框、观察窗口、反光镜和棱镜在内的取景系统)、调焦装置(有些相机没有)、快门按钮、光圈和进片装置等组成。熟悉特殊拍摄模式、防红眼、相机对焦方式和日期打印等模式的设定。

然后安装胶卷。在阴暗处安装胶卷。对于机械照相机，将后盖开关盘边上的保险撳杆向内按，旋松开关盘，后盖即开启。拉出上胶卷轴顶钮，将胶卷芯装入上胶卷箱后复位。拉出下胶卷轴顶钮，将胶卷装入下胶卷箱后复位。拉出胶卷保护纸，将保护纸插入上部胶卷芯上的窄缝中。转动卷片摇柄，直到保护纸上的两个箭头对准照相机内的红点。关闭后盖，锁定。按顺时针方向摇动卷片摇柄数圈至自然停止，此刻计数窗同现“1”字，表示胶卷已经装好。有些相机具有自动卷片、卷片识别的功能，操作起来比较容易。

拍摄时应双手拿稳相机，沉着冷静，避免任何能使动物惊动的外界刺激。对好焦距，左手转动调焦钮调节焦距,保证图像清晰,调节好光圈和速度,用食指轻轻按下快门即可。

胶卷拍摄完后,正确卸下胶卷。当拍摄完30多张后(因胶卷种类和安装技术而异),摇不动卷片摇柄,应考虑到胶卷可能拍摄完。松动下胶卷轴顶钮,倒片。旋松开关盘,开启后盖,取出胶卷并密封。一些相机具有胶卷拍摄完后自动倒片的功能,只需开启后盖,取出即可。

最后注意相机的维护和保养。照相机不使用时,快门应处于放松位置,清洁镜头,调焦钮应旋到"∞"位置。照相机保藏于干燥清洁的阴凉处,以免生锈,发霉。

2. 数码摄影技术

随着数码技术的不断进步,数码摄影由于其简便、直观、节省的特点被越来越多地应用到动物的摄影上。

数码照相机是在传统照相机放胶片的位置上,安放CCD(charged coupled device,电荷耦合器)或CMOS (complementary metal-oxidle-semiconductor,互补金属氧化物半导体)芯片,利用其可接受的光信号并将其转化为电信号,在外加扫描信号的作用下传输出去,最后经过各种运算,转换为图像的数字信号来完成拍摄任务的。

数码照相与传统照相十分相似,掌握好传统照相机的拍摄技术对数码照相机的应用是十分有帮助的。如同传统相机进行技巧拍摄一样,用数码相机进行技巧拍摄首先要了解自己相机的功能。同时,数码相机具有先进性、多功能的特点,故使用前必须先作一些设置工作。如分辨率的选择、曝光补偿的选择、自动平衡的调整、感光度的设定,这些将直接影响到所拍照片的成像质量。数码相机设有多种拍摄质量的选择,分为标准、精细、超精细(最高分辨率),其最高分辨率是由各款数码相机的CCD元件的性能所决定的,CCD像素越高,最高分辨率也越高。由于拍摄时光线和环境的变化,需要经常手动调整数码相机的曝光补偿。数码相机设有自动调整曝光补偿的设置,在曝光补偿设置中标有"+、-"数轴,"+"指增加曝光,"-"指减少曝光。在背景很亮而主体逆光时,你需要将补偿值调向"+"端。在黑色或深色背景前对主体拍摄需要将补偿值调向"-"端。大多数数码相机有2种取景器,这多出来的一种就是液晶显示屏(liquid crystal display, LCD)。因为它的面积较大,可观性好,清晰,可用它做取景器。这给动物摄影带来极大的方便,但由于带来的持机方式的改变,必须注意拍摄时的稳定。情况允许的条件下,可用传统取景器取景。一来可以持稳相机,二来可以省电。

数码相机的特殊性的另一个重要方面就在于它同电脑的紧密联系,换句话说,数码照片通过电脑后期处理,可以帮助我们轻松完成以前在传统相机上需要花费很大的人力和物力才能够完成的拍摄效果,而这些电脑后期处理所需要的知识非常简单,例如使用最常用的Photoshop、ACDSee等图像处理软件,我们就可以对数码照片的色彩、明暗对比度、亮度等进行调整,还可以对拍摄的照片进行剪接、旋转和调整图片尺寸。使动物摄影从单一的拍摄向拍摄加电脑的复合技能上转化。

3. 注意事项

动物摄影是摄影技术和视觉观察力的一种结合,并不是单纯地拍照,是有意识、有思想的一种创造。要掌握摄影的基本技术,必须注意在距离、速度和光圈3方面很好地配合。要很好地掌握摄影技术,学习中应注意以下几点:

(1)距离:镜头应避免与畜体距离过近,因畜体是立体,在通过镜头反映在平面的底片上时,必然会使成像产生一定的差异。当实物与镜头的距离较远,这种误差的程度就较小。当然过远也会使动物的外形轮廓模糊，同样应该避免。当拍摄侧面时，镜头距离应相当于动物体长的3倍。如果拍摄正面像，则镜头和头部的距离，应相当于动物体高的4倍。如用数码相机，可以在视窗中查看。变动相机与畜体的距离和变动变焦都可以达到目的。

(2)角度：拍摄动物的侧面像时，镜头与动物的首尾间应保持对称的角度。因为动物都是长方形的，如果镜头距离头部近而后躯远时，则反映在照片上就必然是头部和前躯大，后躯小，体躯变短的成像。反之，则反映在照片上，必然是后肢显长，后躯发达，前躯和前肢变得矮短，头也变小的成像。

(3)位置：有摄影构图的基本知识。构图在摄影中运用最多的是“黄金分割法”，即将整个取景框中所看到的画面上下左右各做2条想象等分线，4条线形成一个“井”字。这4条线我们称作“黄金分割线”，4个相交的点称为“黄金分割点”，通常把主体安排在“黄金分割点”附近。将镜头对准动物体躯的中部，在照片上才能正确地反映动物的外表。不要仰拍和俯拍。若从侧面仰后拍时，由于镜头距离四肢较近，距离头躯较远，在照片上的四肢要比实际长，而躯干相对变浅。俯拍又将得到完全相反的结果。一般在拍摄牛、马等大家畜时容易造成仰拍，猪羊等小家畜则容易产生俯拍。

动物的照片通常是从侧面摄取其全貌，有时也可从前方或后方，分别拍摄其头部和后躯。此外，还可拍照各个部位外形特征，注意事项同上。

(4)场地与背景：要想正确显示动物的外貌，拍摄地点最好在空旷的平坦场地，尽可能不在墙边角落或高大建筑物之前。背景应力求简洁宁静，朴实无华。总之，以明显表露动物的外形轮廓为原则。

(5)姿态：摄影中必须使动物处于安静的状态，并保持正确的姿态。要求四肢直立，不要前倾后斜，头颈不低垂，也不上翘。尾应向下垂直。但有时为了更好地显露奶牛的乳房，则可有意使后肢稍微后斜一些。

(6)时间：摄影最好是在晴天，一般以上午9～11时和下午3～6时为最好。在这段时间内的光线最均匀，阳光从照相机右方或左方45°射向动物的时候，能更好地显示其形态。总之，时间选择主要决定于光线的强弱及其均匀情况。夏季中午强烈阳光拍出来的照片，往往明暗相差太大，有可能歪曲动物的外貌。

(7)曝光：正确地计算曝光，应考虑到底片的感光灵敏度、季节和时间与被摄对象的距离、动作、速度和光线的反射能力等因素。曝光的强弱，决定于光圈的大小和速度的快慢。

正确的曝光，使底片能够接受精确调整的定量光。为了获得曝光正确的底片，必须使快门速度和光圈的调整协调一致。但是，为了精确地调整快门速度和光圈，首先必须测量被摄畜体的亮度。目前大多数照相机本身就具备测光表，如大多数单镜头反光照相机都有一个对中心重点测光的测光表。这种测光表对画面中心的色调测光比对画面边缘的测光更准确。也就是说，当被摄动物位于画面中心时；测光就很准确，如果偏离画面中心，测光就会产生误差。懂得了测光原理，就能获得更好的拍摄效果，即便使用自动照相机拍照也是一样。如果被摄动物是移动的，首先设定一个快门速度，然后选择一个合适的光圈。

同时注意曝光组合。胶片的曝光量受照相机快门速度的高低和光圈大小的影响。其中，快门速度影响记录在胶片上的畜体效果，光圈大小影响照片的清晰度和景深，所以，必须正确地使用快门速度和光圈的组合，以便获得更理想的拍摄效果。

(二)动物摄像

1.摄像技术

动物摄像与摄影最大的不同在于镜头连续、动态摄影、图文合成的运用以及声音配合等功能,所以除了掌握摄影基本的技术和注意事项外,还应掌握摄像机的拍摄方法和技巧。下面以常用的索尼数码摄像机为例进行说明。

使用摄像机前,首先应仔细阅读摄像机的使用说明书,熟悉摄像机的结构与功能、主要性能规格和对录像带的要求。保证摄像机电池安装好,并充电完毕。

然后安装录像带。按说明书推动 OPEN/EJECT 开关打开盖子,将录像带装入录像带舱底,按压录像带舱上的 PUSH 键关闭带舱。注意,正确的安装录像带,在关上盖子时有清脆的"咔嗒"声。

摄像。先取下镜头盖,将 POWER 开关上的小绿色键设定到 CAMERA 位置。按 OPEN 键打开液晶显示面板,这时图像即显示在屏幕上(液晶显示面板关上时,可用取景器,但观察到的图像为黑白)。按 START/STOP 键,摄像机开始拍摄。拍摄时应双手拿稳摄像机,沉着冷静。禁止抓着取景器、液晶显示面板或电池进行拍摄。若要停止摄像,再按一下 START/STOP 键。将 POWER 开关上的小绿色键设定到 VCR 位置,倒带后,按 PLAY 键可以放像,检查拍摄效果。

摄像后,将 POWER 开关设定于 OFF 位置,关上液晶显示面板,退出录像带,取出充电式电池即可。

2.注意事项

(1)画面的稳定:画面的稳定是摄像机摄像的第一要素。保持画面的稳定是摄像的最基本的也是最重要的要求,不管是推、拉、摇、移、俯、仰、变焦等拍摄,总是要围绕着怎样维持画面的稳定展开工作。在摄像时要做到"平、稳、匀、准"。取景时画面中的地平线要"平"不可歪斜,"稳"是指所拍摄的镜头尽量避免晃动,推、拉、移镜头时速度要"匀",不能忽快忽慢、中途改变节奏,"准"指的是推、拉、摇等技巧镜头进入落幅时一定是最佳构图,不可来回更改。在站立拍摄时,用双手紧紧地托住摄像机,肩膀要放松,右肘紧靠体侧,将摄像机抬到比胸部稍微高一点的位置。左手托住摄像机,帮助稳住摄像机,采用舒适又稳定的姿势,确保摄像机稳定不动。双腿要自然分立,约与肩同宽,脚尖稍微向外分开,站稳,保持身体平衡。采用跪姿拍摄时,左膝着地,右肘顶在右腿膝盖部位,左手同样要扶住摄录机,可以获得最佳的稳定性。在拍摄现场也可以就地取材,借助桌子、椅子、树干、墙壁等固定物来支撑、稳定身体和机器。姿势正确不但有利于操纵机器,也可避免因长时间拍摄而过累。另外,保持持机的稳定最好的方法是利用摄像机三脚架,不但会有效地防止机器的抖动,保持画面的清晰稳定、无重影,而且在上下移摄与左右摇摄时也会运行平滑、过渡自然。

(2)拍摄画面的构图:摄像的构图规则跟静态摄影的构图规则十分类似,不但要注意主角的位置,而且还要研究整个画面的配置,保持画面的平衡性和画面中各物体要素之间的内在联系,调整构图对象之间的相对位置及大小,并确定各自在画面中的布局地位。一幅完美的构图,起码应该做到:

①画面整洁、流畅,避免杂乱的背景。杂乱的背景会分散观看者的注意力,降低可视度,弱化主体的地位。拍摄前应该剔除画面中碍眼的杂物,或者换一个角度去拍摄,避免不相干的背景出现在画面上。

②色彩平衡性良好，画面要有较强的层次感，确保主体能够从全部背景中突显出来。运动中的物体不管多小都比静止的物体容易吸引眼睛的注意力，因此，注意不要让不必要的会分散观众注意力的运动中的物体出现在画面背景上。此外，一些抢眼的色彩也要注意，特别是红色、鲜黄色和深蓝色尤其会吸引眼睛的注意，画面中要避免出现跟主角没有关系但却会抢眼的色彩。

(3)拍摄角度：不同的角度拍摄的画面传达的信息不同。同一种事物，因为观看的角度不同就会产生不同的心理感受。在大多数情况下，拍摄要以平摄为主。但是千篇一律地使用平摄，就会使观看的人感到平淡乏味。偶尔变换一下拍摄的角度，就会使影片增色不少。拍摄角度大致分为3种：平摄(水平方向拍摄)、仰摄(由下往上拍摄)、俯摄(由上往下拍摄)。大多数画面应该在摄像机保持水平方向时拍摄，这样比较符合人们的视觉习惯，画面效果显得比较平和稳定。如果被拍摄的动物是牛、马，高度与摄像者的身高相当，那么摄像者的身体站直，把摄录像机放在胸部到头部之间的高度拍摄，是最正确的做法，也是握着录像机最舒适的位置。如果拍摄高于或低于这个高度的动物，那么，摄像者就应该根据人或物的高度随时调整摄像机高度和身体姿势，采用跪姿甚至趴在地上拍摄，使摄像机与被摄者始终处于同一水平线上。仰摄就是降低摄像机的拍摄角度倾斜向上去拍摄。用这种方法去拍摄，可以使主体地位得到强化，被摄动物显得更雄伟高大。俯摄是将摄像机的位置高于被摄体，镜头偏向下方拍摄。超高角度通常配合超远画面，用来显示某个场景，容易表现画面的层次感、纵深感，大俯视角度拍摄就可以增加画面的立体感，有时可以使画面中的主体具有戏剧化。但各种拍摄角度都具有优缺点，应根据需要灵活运用，不可滥用。

在实际的畜牧生产的录像制作中，可分为3个阶段，即前期制作、摄像和后期制作。前期制作，如写剧本、制作大纲和拍摄计划；而摄像是按照拍摄计划用摄像机、录音设备及一些辅助拍摄的设备(例如光度计、灯、反光板)来获取素材；后期制作则需要更多的设备来完成，进行影像播放、拷贝、剪辑、录音、动画设计、制作字幕等。所以摄像只是一个实地获取资料的过程。

摄影和摄像是一门学问，发展也十分迅速，技巧和方法也特别多。本部分由于篇幅有限，不可能面面俱到，着重介绍了一些最常用的动物摄影和摄像的方法和要求。在掌握这些基本方法和要求后，理论结合实际，多看，多练，多比较，定会提高自己的摄影和摄像技术，拍摄出比较满意的动物照片和录像。

五、作业与思考

(1)用机械照相机和数码相机，到校农场任选一种家畜拍照。每位同学可任选家畜的侧面或正面拍摄照片2张，填写摄影记录表。冲洗好以后，对自己所拍照片的优点、缺点、成功的条件或失败的原因，认真进行分析。对家畜数码照片用图像处理软件进行编辑，得到满意的照片。

(2)学会录像机的使用方法，对任选一种家畜进行录像，填写录像记录表。认真分析录像的优点和缺点。

实验十二　畜禽体质外形的观察

外形即外部形态，不仅反映畜禽的外表，而且也反映畜禽的体质、机能、生产性能和健康状态。体质就是人们通常所说的身体素质。家畜有机体是个复杂的整体，只有在机体各部分、器官间以及整个有机体与外界环境间保持一定协调的情况下，畜禽才能很好地发育和繁殖，才能充分发挥其生产性能。这种协调性的表现就是体质。

一、实验目的

(1)掌握不同用途家畜的外形特点。

(2)观察不同体质类型家畜的外部表现。

(3)识别不同发育受阻类型家畜的特点。

二、实验内容

(1)不同用途家畜外形特点的观察。

(2)不同体质类型的识别。

(3)不同发育受阻类型的判断。

三、实验仪器与材料

实验动物，笔。

四、实验原理与方法

(一)不同用途家畜外形特点的观察

1. 肉用家畜外形特点的观察

肉用家畜的共同外形特点是：低身广躯，肌肉和皮下结缔组织发育良好；头轻小而短，颈粗短；肩宽广，与体躯结合良好，没有明显凹陷；胸宽且深，背腰平直，宽广而多肉；后躯宽广丰满，肌肉一直延伸到飞节外；四肢短小，距离较远；皮肤松软有弹性，毛细软。总之，肉畜应有大量可供食用的部分，肌肉组织发达，骨骼应细致结实。因此外形显得丰满平滑，四肢相对地短，中躯紧凑，无论从哪方面看，都应成为长方形和圆桶形，这是肉用家畜的基本体型要求。

2. 乳用家畜外形特点的观察

乳用家畜的体形特点是：全身清瘦，棱角突出，体大肉不多；后躯较前躯发达，中躯较长，体型一般呈三角形。乳牛各部位的具体要求是：头清秀而长，角细而光滑；颈长有细皱纹，胸深长，肋扁平，肋间宽，背腰宽平，腹圆大；皮薄有弹性，皮下脂肪不发达，被毛光滑；乳房向前伸展远，向后悬垂高挂，宽广对称，底部平坦，呈四方形，容积大；乳头长且呈圆柱状，大小均匀，垂直，相互距离宽；乳静脉粗长多弯曲，乳井大。

3. 毛用家畜外形特点的观察

绵羊的外形特点是：全身被毛密度大，皮薄有弹性，头较宽大，颈中等长，细毛羊头毛着生齐眉，颈上通常有1～3个完全或不完全的横皱褶；肋部圆拱，背腰平直，四肢长而结实，肢势正直。

4. 役用家畜外形特点的观察

挽用家畜（如挽马、耕牛）的外形特点是：骨骼发达，个体魁梧健壮；体重较大；肌肉发达，结实有力，皮厚而有弹性；头粗重，颈短粗，鬐甲低；胸宽深，前驱发达，躯干宽广，前高后低；四肢相对粗短，重心较低；蹄大且正，步态稳健。

5. 乘用马外形特点的观察

乘用马的外形特点是：身高且瘦，体窄而深，四肢稍长；皮薄有弹性，毛断而有光泽，血管外露，筋腱明显，肌肉结实有力；体高与体长接近相等，前、中、后三躯也接近相等；头清秀，颈细长，鬐甲高长，背腰短平，肩长而斜，胸部深长但较宽，尻平长；四肢端正，关节明显，蹄大小适中，质地坚实；精神活泼，行动灵活，运步轻快。

6. 不同性别家畜外形上的差异

一般公畜比母畜体大且雄壮刚强，骨骼、肌肉与前驱均较发达，头短宽具雄相。性器官及第二性征明显不同。公猪的头较宽短，犬齿及整个前躯较母猪发达，鬃毛较粗，肩部皮厚而硬。公牛头较母牛粗重，额宽大，角较粗，颈短粗，颈脊发达，胸宽深，前躯特别发达，后躯相对较弱，四肢粗壮，肢间距离宽，性情粗暴；母牛头长而清秀，颈细长，中躯及后躯发育较好。公羊角较粗大，母羊一般无角，有也较小；公羊毛较粗长，含油汗多。公马头粗大，颈粗厚，有捍威，前躯亦较发达；鬃、鬣及尾毛较长。

公畜去势后，第二性征即不明显，其外形大多介于两性之间，但具体差异，与去势年龄及去势时间长短有一定关系。

（二）不同体质类型的识别

当识别一头家畜的体质类型时，可从以下外部表现着手：

（1）主要头部的大小和形状；

（2）了解头骨和四肢骨的发育情况，因这些部位暴露在外易于看清；

（3）判断被毛、皮肤和皮下结缔组织的发育情况，特别是绵羊的被毛、皮肤，更是识别体质类型的重要依据；

（4）注意整体结构的匀称性、胸部发育、背腰和四肢的坚实度以及神经活动类型等方面的情况。

根据骨骼、皮肤、皮下结缔组织、肌肉及内脏的发育情况，把家畜体质分为2个相对类型——细致与粗糙，紧凑与疏松。

细致型和粗糙型是2种相对不同的体质，其最大区别在于，皮肤的厚薄和骨骼的粗细；皮肤的薄厚，可以从颈部、体侧、耳壳和乳房等部位去观察和触摸；骨骼的粗细，则可从头部、管部和尾根等部位去观察。

紧凑型和疏松型也是2种相对不同的体质，其最大区别在于，皮下结缔组织的多少和肌肉骨骼的坚实程度。实际中较多出现的是以下几种混合体质类型：

①细致紧凑型。这类家畜的骨骼细致而结实，头清秀，角蹄致密有光泽，肌肉结实有力。皮薄有弹性，结缔组织少，不易沉积脂肪，外形清瘦，轮廓清晰，新陈代谢旺盛，反应敏感灵活，动作迅速敏捷。

②细致疏松型。这类家畜的结缔组织发达，全身丰满，皮下及肌肉内易沉积大量脂肪。肌肉肥嫩松弛，同时骨细皮薄。体躯宽广低矮，四肢比例小。代谢水平较低，早熟易肥，神经反应迟钝，性情安静。

③粗糙紧凑型。这类家畜的骨骼虽细，但很结实，体躯魁梧，头粗重，四肢粗大，骨骼间相互靠得较紧，中躯显得较短而紧凑，肌肉筋腱强而有力，皮厚毛粗，皮下结缔组织和脂肪不多。它们的适应性和抗病力较强，神经敏感程度中等。

④粗糙疏松型。这类家畜的骨骼粗大，结构疏松，肌肉松软无力，易疲劳，皮厚毛粗，神经反应迟钝，繁殖力和适应性均差，是一种最不理想的体质。

⑤结实型。这种类型的家畜体躯各部分协调匀称，皮、肉、骨骼和内脏的发育适度。骨骼坚强而不粗，皮紧而有弹性，皮薄适中，皮下脂肪不多，肌肉相当发达。外形健壮结实，性情温顺，对疾病抵抗力强，生产性能也表现较好。这是一种理想的体质类型，利用家畜应要求具有这种体质。

在识别各种体质类型的同时，一定还应注意其有无过度发育的表现。如果有，即会导致健康减退，生产力降低。过度细致紧凑的表现是：身体单薄，骨很细，头颈窄长，鬐甲尖窄，胸窄而浅，背腰窄而软，尻尖而斜，皮薄毛细，耳薄而透明，体小晚熟，生活力差，杂交代数过高的杂种易出现这种情况。过度细致疏松的虽易长肥，但偏于软弱，对饲养管理要求较高。过度粗糙紧凑的虽健壮，但生产力低，是杂交改良的对象。过度粗糙疏松的，易患病和不育。

(三)不同发育受阻类型的判断

1. 胚胎型

由于生前发育受阻，从出生直至成年，仍具有头大体矮，尻部低，四肢短，管骨较细，关节粗大等胚胎早期的特征。该类型个体较正常发育者为小。

2. 幼稚型

由于生后营养不良，使体躯的长度、深度和宽度的发育受阻，成年后仍具有躯短肢长，胸浅背窄，后躯高耸等幼龄时期的特征。

3. 综合型

生前生后都营养不良，使以上 2 种类型的部分特征都兼而有之，特点是体躯短小，体重不大，晚熟，生产力低。

五、作业与思考

(1)按表 12-1“乳牛外形观察记录表”的要求，分别对指定乳牛认真进行观察评定，所得结果直接在表内划线表示，如营养一项，自己认为该牛应属中等，则在中等二字下画一横线。如此逐项进行直至结束。

表 12-1　乳牛体形观察记录表

品种__________，　牛号__________，　毛色__________，　年龄__________特征__________

营养:良好、中等、不良	乳头:长、短,粗、细,圆锥形、圆柱形
毛皮:毛粗、细,疏、密;皮厚、薄,松、紧	乳静脉:粗、细,有无弯曲
头:粗笨、清秀	乳井:大、小,深、浅
颈:长、短,厚、薄	四肢:长、短,粗、细,关节是否明显
鬐甲:宽、窄,高、低	肢势:正常、外弧、内弧
胸:深、浅,宽,窄、长、短	蹄:是否正常
背腰:平、凹、凸,宽、窄,长、短	乳用特征是否明显
尻:平、斜,宽、窄,长、短	
腹:大、小,草腹、卷腹	
肋间距离:宽、窄	
肷:大、小,饱满、凹陷	
乳房:大、小,四方形、漏斗形,腺乳房、肉乳房,结合良、不良	

(2)按表 12-2"体质类型观察记录表"要求,分别对指定家畜认真逐项观察,结果同样用划线方法表示,最后判断是何体质类型。

表 12-2　体质类型观察记录表

观察项目	牛　号
皮肤	厚、薄,松、紧,弹性强弱,颈与乳房有无细微皱纹
头部与角蹄	大、小,粗笨、清秀,致密、疏松,角蹄有无光泽与裂纹
四肢与关节	粗大、中等,干燥、湿润,关节是否明显突出
肌肉与筋腱	肌肉结实、松软,粗大、中等,是否明显突出
外部轮廓	有无棱角,体表是否丰满
结缔组织	是否发达,皮下脂肪沉积的多少
被毛	长、短,粗、细,疏、密,有无光泽

(3)按指定家畜,详细判断其是否发育正常,如为发育受阻,应说明是何受阻类型,并提出自己的根据。

实验十三　畜禽生产性能测定

生产性能测定(performance testing)是确定备选个体在具有一定经济价值的性状上的表型值的一系列育种措施的总称,包括对具有较大经济意义的可遗传的测定性状的选择、正确测定方法的确定、测定结果的记录和管理以及实施测定等内容。性能测定的结果是进行遗传评估、遗传参数估计、群体生产水平评价、经营管理和杂交组合筛选的基本依据,故生产性能测定是一切畜禽育种工作的基础。完善的生产性能测定是提高畜禽育种水平的关键。从不同的角度出发,性能测定可以分为测定站测定(station test)和场内测定(on-farm test)、个体测定与同胞和后裔测定以及大群测定和抽样测定等几种基本形式。

理想的选择方法在于提高动物的总体生产力,使生长性能(如生长速度,饲料转化率,平均日增重),胴体品质(如胴体瘦肉率,肌肉品质)和繁殖性能(产仔数,产仔间隔,利用年限)等各种经济性状都得到提高。但在实际实施生产性能测定的过程中,不同经济类型的畜禽所侧重的测定性状是不一样的。其中,肉用家畜的生产性能测定主要包括生长性能、胴体性状、肉质性状和繁殖性能等内容;乳用家畜更强调产奶性能的测定;毛用家畜侧重对产毛性能和毛品质的测定;蛋用家禽偏重对产蛋性能的测定。

此外,随着现代生物技术的发展,标记辅助选择(MAS)也被越来越多地运用于动物育种实践中。故针对一些与重要经济性状相关的主效基因或与之紧密连锁的标记基因进行的基因型测定也成为畜禽育种中性能测定的重要内容。关于这部分内容将在实验二十八中给予专门讲解。本节重点以猪作为肉用家畜的代表讲述如何进行畜禽生产性能测定。

一、实验目的

了解生产性能测定的目的意义和重要性,熟悉对各类性状的测定方法。重点掌握如下内容:

(1)熟悉对不同经济类型畜禽实施生产性能测定的方法。

(2)掌握测定性状选择的基本原则。

(3)掌握选择测定方法的基本原则。

(4)了解生产性能测定的组织实施过程。

二、实验内容

(1)肉用家畜的生长性能与胴体组成性状的活体测定。

(2)肉用家畜胴体品质的屠宰测定。

(3)肉用家畜肉质性状的测定。

(4)肉用家畜繁殖性能的测定。

三、实验仪器与材料

(1)实验器材:演示用计算机及配套的多媒体设备、现场屠宰测定(胴体品质和肉质性状测定)所需的各种分割刀具、各种称、皮尺和游标卡尺等测定工具;

(2)实验材料:演示各类性状测定方法的多媒体课件、用于进行现场分割的猪胴体(可只用左半胴体)。

四、实验原理与方法

(一)肉用家畜的生产性能测定

肉用家畜主要是指猪、肉牛、肉羊等以产肉为主要目的的家畜,广义上也包括肉鸡、肉鸭等肉用型家禽。在测定性状的选择上强调对生长性能、产肉性能、胴体性状与肉质性状等的测定,各种肉用家畜在测定方法上大致相似,只是在某些具体指标上的侧重点略有不同。下面按照农业部畜牧兽医总站颁布的《全国种猪遗传评估方案》(2000)的规定以猪的生产性能测定为例讲述如何进行肉用家畜的生产性能测定(相关内容在“瘦肉型猪选育技术规程”GB 8466—87 中也有部分涉及)。

从 1899 年丹麦建立世界上第一个种猪后裔测定站开始,猪的生产性能测定在组织和实施上都发生了巨大的改变。在现行的组织体系中,一般分场内测定和测定站测定 2 个层次进行。场内性能测定是遗传改良体系中最关键的组成部分,主要测定生长性能和繁殖性能。测定站测定的目的则主要是在相同环境条件下比较来自不同种群的种猪,以增加不同群体间的可比性和遗传联系,提高国家或地区性遗传评估的准确性。此外,测定站还负责组织对诸如胴体组成性状、肉质性状、日增重和饲料转化率等需要特殊设备或实施特殊处理的性状进行测定。近年来,许多国家性能测定站的职能发生了变化。它们更多地被用于研究,如通过同胞测定评估胴体品质和猪肉品质的育种值,或测定比较不同来源的商品猪性能。一些测定站还应用隔离式早期断奶(SEW)等管理措施,以减少疾病传播,增加不同群体间的可比性。

1. 生长性能与胴体组成性能的活体测定

生长性能与胴体组成性能是衡量猪经济价值的最重要指标,也是猪性能测定的重要组成部分。严格的胴体组成必须在屠宰后对胴体进行分割才能准确测定,但屠宰测定需要耗费大量人力物力,且屠宰会导致个体种用价值的丧失,故长期以来都通过对测定个体的同胞、半同胞或其他亲缘个体进行屠宰来实现间接评定,但测定的准确性和测定规模却受到了影响。随着现代超声波技术的发展,可以通过对一些与胴体组成有较高遗传相关的辅助性状的测定而实现对胴体组成性状的活体测定。在性能测定过程中通常同时对这 2 类性能进行测定。

供测猪的选择与分群:

(1)生长肥育性能测定以未去势母猪为供测猪。

(2)每头公猪后裔中,选择 4 头供肥育性能测定,测定期内 4 头后裔合圈饲养。

(3)供测猪应在同一分娩季节中选择,日龄和体重接近,供测猪应发育正常健康。

测定时间:

测定从 20～30 kg 体重以内进入为期 1 周的测定预饲期，使待测定仔猪适应测定的饲养管理方式和环境条件。待平均体重达到 30 kg 左右(但不能超过 35 kg)时开始正式测定。整个测定期内采用固定的测定日粮和饲养管理方式。达到 75～115 kg 的目标体重范围后测定结束。

测定性状：

(1)达到目标体重的日龄。目标体重即标准的屠宰体重，根据各个国家的实际情况，标准不一样。加拿大为 100 kg，美国为 113.47 kg(250 lb)，德国为 105 kg。中国《全国种猪遗传评估方案》中规定为 100 kg。

在实际实施过程中，当猪活体重在 75～115 kg(最好在 80～105 kg 以内)范围内时对其进行称重(建议采用电子秤)，并记录称重时的日龄。再用以下公式根据实际测定的活体重和测定日龄估计出达 100 kg 标准体重时的日龄：

$$\text{校正日龄}=\text{称重时日龄}-(\text{实际体重}-\text{目标体重})/CF$$

其中，CF 为校正因子，用下式计算：

$$\text{公猪}:CF=(\text{实际体重}/\text{称重日龄})\times 1.826\,040$$

$$\text{母猪}:CF=(\text{实际体重}/\text{称重日龄})\times 1.714\,615$$

(2)目标体重活体背膘厚。测定猪达目标体重时的背膘厚，一般在 75～115 kg 范围内测定猪活体重的同时测定 100 kg 体重活体背膘厚(根据需要也可以测定达 50 kg 体重活体背膘厚)。

A 超测定：以 A 超测定胸腰椎结合处左右各一点以及腰荐椎结合处左右各一点距背中线 5 cm 处的活体背膘厚(单位：mm)，以上述 4 点的平均值表示活体膘厚。

B 超测定：以 B 超扫描测定倒数第 3～4 肋骨间距离背中线 5 cm 处的活体背膘厚(单位：mm)。

对实际测得的活体背膘厚再按如下校正公式根据实际测定日龄计算出达 100 kg 标准体重时的背膘厚：

$$\text{校正背膘厚}=\text{实际背膘厚}\times\frac{A}{A+B\times(\text{实测体重}-100)}$$

其中 A 和 B 因品种和性别而异，具体如表 13-1 所示。

表 13-1 计算校正背膘厚的参数

品种	公猪		母猪	
	A	B	A	B
大约克夏猪*	12.402	0.106 530	13.706	0.119 624
长白猪	12.826	0.114 270	13.983	0.126 014
汉普夏猪	13.113	0.117 620	14.288	0.124 425
杜洛克猪	13.468	0.111 528	15.654	0.156 646

* 所有其他品种都参考使用大约克夏猪的参数。

(3)平均日增重。计算测定期内的平均日增重：

$$平均日增重(ADG)=\frac{测定结束时的体重-测定开始时的体重}{测定天数}$$

(4)采食量。指一头猪在测定期内的总采食量。

(5)饲料转换率(FCR)。从30～100 kg期间每单位增重所消耗的饲料量，计算公式如下：

$$FCR=测定期采食量/测定期增重$$

饲料转换率的测定过程需要耗费大量人力和物力，采用法国ACEMA电子识别自动记料测试系统可以实现自动测定。

对以上性状的测定可在场内进行，也可在测定站进行。

2. 胴体品质的屠宰测定

胴体品质测定是对测定个体进行的屠宰后测定，主要包括胴体组成和肉质性状的测定。由于屠宰测定需要特殊的测定设备且花费巨大，故通常在测定站内组织测定。

(1)供测猪的选择：

①肥育测定猪，体重达100 kg时屠宰，测定其胴体性状。

②每头公猪后裔的屠宰数不少于2头。

③供测猪活重达100 kg时，停食24 h(停料不停水)后屠宰。

(2)测定性状：

①宰前活重。供试猪在屠宰前停食24 h(停料不停水)后的空腹体重。

②胴体重。屠宰放血后去除头(沿两耳根后缘及下颌第一条自然横褶切下头部)、蹄(前蹄在腕关节处，后蹄在跗关节切下)、尾(贴肛门切断)和内脏(保留板油和肾脏)后，称量的躯体(也可只用左半胴体)重量。

③屠宰率。胴体重占宰前活重的百分比。

$$屠宰率=\frac{胴体重}{宰前活重}\times 100\%$$

④胴体长。将左半胴体用挂钩钩入跗关节将胴体倒挂，测量从耻骨联合前缘中点至第一颈椎前缘中点的长度，称为胴体长；从耻骨联合前缘中点至第一肋骨与胸骨结合处前缘的直线长度，称为胴体斜长.

⑤膘厚与皮厚。用游标卡尺测量肩部皮下脂肪最厚处、胸腰椎结合处、腰荐椎结合处的脂肪层厚度和皮厚度。用上述3点的平均值或者在第6～7肋间测定的脂肪层厚度和皮厚度表示猪膘厚和皮厚。

⑥眼肌面积。将左半胴体以自然姿势状态置于平台上，在胸腰椎结合处切断背最长肌(注意防止肌肉变形)，再用硫酸纸描出眼肌轮廓，用求积仪、图像仪或坐标纸计算眼肌面积。在大规模测定时也可以用游标卡尺测量背最长肌横断面的最高和最宽处。用下式计算：眼肌面积(cm^2)＝眼肌长(cm)×眼肌宽(cm)×0.7。

此外，也可在测定活体背膘厚的同时，利用B超扫描测定同一部位的眼肌面积。

⑦腿臀比例。将左半胴体在自然姿势状态下沿腰荐椎结合处垂直切下腿臀部，腿臀重占胴体重的百分比。

$$腿臀比例=\frac{腿臀重}{胴体重}\times 100\%$$

⑧胴体瘦肉率。将剥去板油和肾脏的左半胴体，分离为瘦肉、脂肪、皮、骨4种成分。瘦肉重占4种成分总重的百分比称为胴体瘦肉率。同时还可以测定出脂肪率、皮率和骨率。为简化现场操作，根据测定目的，皮脂可不再分离，合并为皮脂重。

$$胴体瘦肉率=\frac{瘦肉重}{瘦肉重+脂肪重+皮重+骨重}\times 100\%$$

⑨分割肉比例。将剥去板油和肾脏的左半胴体，置于平台上，切割并分离成4部分，即颈背肉(Ⅰ号肉)，前腿肉(Ⅱ号肉)，大排肉(Ⅲ号肉)，后腿肉(Ⅵ号肉)。切割方法如下：

第一刀从第6～7肋间垂直斩下颈背和前腿肉(Ⅰ，Ⅱ号肉)；

第二刀从腰荐椎结合处垂直斩下腿臀部分(Ⅳ号肉)；

第三刀从距椎骨4～6 cm处(保持眼肌完整)与背中线平行斩下脊背部分(Ⅲ号肉)。

剩余的肋部、腹部和兼部肉为等外级肉。等外级肉中的瘦肉，不计入瘦肉重计算分割肉比例。

$$分割肉比例=\frac{\text{Ⅰ}+\text{Ⅱ}+\text{Ⅲ}+\text{Ⅳ}号肉的重量}{\text{Ⅰ}+\text{Ⅱ}+\text{Ⅲ}+\text{Ⅳ}+等外肉皮骨肉脂总重}\times 100\%$$

剥离时，每一部分都先剥成皮脂和骨肉两部分，再将骨肉分离成骨和瘦肉。现场测定时，胴体瘦肉率与分割肉比例的测定，可结合进行。

3. 肉质性状的测定

凡屠宰猪只，均进行肌肉常规肉质测定，测定的项目和方法如下：

(1)肌肉颜色(肉色)。

采样部位：最后胸椎处背最长肌。

评定条件：用屠宰后1 h内(最好在45 min以内)的新鲜肉样，在室内正常光照下进行目测评定。

评定标准：按肉色评分标准图，采用5分制评定肉色(在美国NPPC标准中分为6分)：1分为灰白色；2分为微红色；3分为鲜红色；4分为深红色；5分为暗红色。

评分时如出现介于两个等级之间的情况，可评0.5分。正常肉色为3～4分，1～2分为PSE肉的表征，5分为DFD肉的表征。

(2)肌肉大理石纹。指一块肌肉范围内，肌肉脂肪(可见脂肪)的分布情况，是评定肌肉中脂肪含量和分布情况的指标。

取样部位：最后胸椎至第一腰椎间背最长肌。

评定条件：将肉样在4℃条件下冷藏24 h后，切出断面进行目测评定。

评分标准：按大理石纹评分标准图采用5分制评定(在美国NPPC标准中分为10分)。1分为痕量分布；2分为微量分布；3分为少量分布；4分为适量分布；5分为过量分布。评分时如出现介于两个等级之间的情况，可评0.5分。

(3)肌肉pH。

取样部位：最后胸椎处背最长肌。

测定时间：宰杀停止呼吸后45 min内测定的pH，记作pH_1；在4℃条件下冷却保存

24 h 后测定的 pH，记作 pH_2。

测定方法：

①酸度计直接测定。将电极直接插入背最长肌中心部位测定。在测定前酸度计应严格按仪器使用说明正确调试，测定中注意保持电极清洁。测定后用 pH 为 7 的蒸馏水冲洗电极。

②间接测定。取中心部位肉样 10 g 捣碎，加入 pH 为 7 的蒸馏水 100 mL，浸泡 30 min，用 pH 为 5～7 范围的试纸(分度值为 0.2)测试浸泡液的 pH。

(4)肌肉保水力(系水力)。是指肌肉受到外力作用时，保持其原有水分的能力。现场可通过测定贮存损失(也称为滴水损失，与保水力呈强烈负相关)来间接反映保水力。

取样部位：2～3 腰椎处最背长肌。

测定时间：屠宰后 2 h 内测定。

贮存损失测定方法：取 2～3 腰椎处背最长肌，修整呈长 5 cm，宽 3 cm，厚 2 cm 的长方形肉条，在感应量为 0.01 g 的天平上称贮存前重(W_1)，然后用铁丝钩住肉样一端，使肌纤维垂直向下，装入充气的塑料袋中(肉样不与袋壁接触)，扎紧袋口，挂于冰箱中，在 4℃条件下贮存 24 h 后取出称贮存后重(W_2)。

按下式计算贮存损失：

$$贮存损失=\frac{W_1-W_2}{W_1}\times 100\%$$

(5)肌内脂肪含量

采样部位：3～5 腰椎处背最长肌中心部采样 100～200 g。

采样时间：宰后 2 h 以内。如不能立即分析，应将样品装入塑料袋内，置于冰箱中冰冻备用。

测定方法：索氏浸提法。

除了上述性状外，对肉质性状的测定还可以包括嫩度(以剪切力衡量)、适口性、风味等性状。但由于此类性状的测定主观性较强，故通常很少进行。

4. 繁殖性能的测定

由于遗传力较低，繁殖性状的测定通常要大规模进行才有意义。故在现行测定方案中，对繁殖性能的测定工作只能在场内进行。在繁殖性能测定过程中，要求保持完整的产仔记录，特别强调以下性状：

(1)总产仔数：出生时同窝所产仔猪总数，包括死胎、木乃伊和畸形胎在内。

(2)活产仔数：出生 24 h 后同窝中存活的仔猪数，包括衰弱和即将死亡的仔猪在内。

(3)21 天窝重：同窝存活仔猪到 21 日龄时的全窝重量，包括寄养进来的仔猪在内，但寄养出去的仔猪重量不计在内。寄养必须在 3 天内完成，且必须注明寄养情况。是反映母猪哺乳能力的主要指标。有时也使用断奶窝重，其测定方法与 21 天窝重相似，但选用断奶时的全窝重量作为评定指标。

(4)断奶仔猪数：也称为育成仔猪数，指断奶时同窝中仍然存活的仔猪数。

(5)产仔间隔：母猪前、后两胎产仔日期间隔的天数。也可通过计算年产胎次数来衡量。

(6)初产日龄：母猪头胎产仔时的日龄。

除了上述性状外，在对繁殖性状传统的选择中还比较重视利用年限问题。此外，对产仔中的异常情况如死胎数、木乃伊和畸形胎数等也应该完整记录。

(二)乳用家畜生产性能测定

乳用家畜主要是指奶牛、奶山羊等以产奶为主的家畜，在测定性状上重点强调对产奶性能、挤奶能力、生长发育性能与产肉性能等4个方面的测定。

在测定过程中通常强调对产奶量、乳成分(如乳脂、乳蛋白等)含量等产奶性能指标；排乳速度、前后房指数等挤奶能力指标；特定生长阶段的体重、饲料报酬等生长发育性能指标的测定。此外，还将繁殖性状、抗病性状、使用年限等具有较高经济价值但遗传力较低或难以测定的性状作为乳用家畜的次级性状而加以测定。重点强调如配妊时间、情期受胎率等繁殖性状；乳腺炎抵抗力等抗病性状等次级性状的测定。各种乳用家畜在测定方法上大致相似。

(三)毛用家畜生产性能测定

毛用家畜主要是指绵羊、长毛兔等以产毛为主的家畜，在测定性状上重点强调产毛量、毛品质、生长发育性能等。

在实际测定过程中通常强调对剪毛量、毛长、毛细度、毛密度、净毛率、毛均匀度(长度和细度两方面)等性状指标的测定。各种毛用家畜在测定方法上大致相似。

(四)蛋用家禽生产性能测定

现代育种强调对生产性能的高度专门化培育，由于家禽在产蛋和产肉性能间较强的遗传颉颃性的存在，故商业育种中将蛋用家禽的选择作为一个专门的经济选育类型而加以考虑。其成功的例子在于现代高效蛋用型鸡的成功选育。在对蛋用家禽进行生产性能测定过程中，重点强调对产蛋性能、蛋品质、生长发育性能等方面的测定。通常包括产蛋数、单位时间内产蛋总重、单个蛋重、料蛋比等产蛋性能；蛋壳强度、蛋壳颜色、蛋白形状、蛋中血斑和肉斑含量等品质性状。此外，有时也需要考虑诸如孵化率等与繁殖相关的指标。

五、作业与思考

(1)论述性能测定在畜禽育种中的重要作用。

(2)论述测定性状选择的基本原则和性能测定的组织形式。

(3)现有一头后备杜洛克公猪，经测定153日龄时其活体重为93.2 kg，计算其达100 kg体重的日龄?

(4)用B超测得一头体重为103.5 kg的后备长白母猪的背膘厚为14.6 mm，计算其100 kg体重的背膘厚?

(5)为什么猪的21日龄窝重属于繁殖性状，而不是生长性状?

实验十四　奶牛体型的线性评定

一、实验目的

在了解体型线性评定基本原理的基础上，通过多媒体或现场操作等实验手段，掌握奶牛的体型线性评定的具体方法，并能根据体型线性结果评定出奶牛个体的等级。

二、实验内容

(1)奶牛体型线性评定方法概述。

(2)线性评定性状。

(3)评定内容与方法。

(4)注意事项。

三、实验仪器与材料

实验动物、体尺。

四、实验原理与方法

(一)奶牛体型线性评定方法概述

饲养奶牛是为了获取更高的经济效益，要达到此目的，一是提高奶牛生产性能，二是提高奶牛健康水平和延长利用年限。奶牛的体型不仅与其健康水平和使用年限紧密相关，而且决定着本身的生产能力和生产潜力。同时，随着奶牛机械化、集约化程度的提高，愈来愈要求奶牛体型趋于标准化，以适应机械化挤奶和高效率生产管理。所以做好奶牛的体型线性鉴定，为正确评价奶牛经济价值提供科学依据，也有助于选育高产、健康和适于挤奶的优质牛群。

体型线性评定是根据每个性状的生物学特性的变异范围，将性状进行数量化处理，定出性状的最大值和最小值。对要鉴定的奶牛，针对性状以线性的尺度进行评分。线性评分明确、肯定，并且由于线性评分的数量化，缩小了鉴定员之间的主观差异，具有较好的重复性。

奶牛体型性状线性分析的概念最早于 1876 年由美国提出，1980 年提出奶牛体型线性评定方法，1983 年正式应用于美国荷斯坦牛的体型评定中。此方法公布后，很快被澳大利亚、比利时、加拿大、丹麦、德国、法国、匈牙利、以色列、意大利、日本等国直接或间接采用。我国于 1990 年制定了中国奶牛体型线性评定规范，1994 年和 1995 年分别制定了中国荷斯坦牛和中国西门塔尔牛体型线性评定实施方案(试行)。

线性评定的体系主要有2类：一类是美国、日本、荷兰采用的50分制；另一类是加拿大、英国、德国、法国采用的9分制。中国奶牛协会规定采用50分制，也允许使用9分制.

(二)线性评定性状

目前，国外线性评定的性状主要有主性状、次性状和管理性状3类。

1. 主性状

有15个，即体高、胸宽、体深、乳用性、尻角度、尻宽、尻长、后肢侧视、蹄角度、前乳房附着、后乳房高度、后乳房宽度、乳房悬垂状况、乳房深度及乳头位置后观。

2. 次性状

有14个，即前躯相对高度、肩、背、阴门角度、后肢位置、后肢后望、动作灵敏度、前乳区伸展状况、前后乳区均衡性、乳头位置侧望、乳头大小、趾、尾根及系部。

3. 管理性状

又有主要和次要管理性状之分。

(1)主要管理性状有4个，即行为气质、挤奶速度、乳腺炎抵抗力及繁殖性能。

(2)次要管理性状有3个，即乳房水肿、健康状态及产犊难易。

我国使用的奶牛体型线性评定方法，是以美国荷斯坦牛协会标准为基础，结合我国实际而稍作改进编制而成。目前要求评定的性状有体高、胸宽、体深、清秀度、尻角度、尻宽、后肢侧视、蹄角度、前乳房附着、后乳房高度、后乳房宽度、悬韧带、乳房深度、乳头位置及乳头长度等15项，其中前14项为主要性状，乳头长度为次要性状。

(三)评定内容与方法

1. 性状的识别与线性评分

(1)体高：主要根据尻高，即尻部到地面的垂直高度进行线性评分。中等体高为140 cm，给25分，每±1 cm，评分±2分。体高高于150 cm给45～50分，为极高。低于130 cm为极低，给1～5分。

(2)胸宽(又称体强度)：主要根据两前肢之间的距离(即胸底宽)进行线性评分。宽25 cm为25分，±1 cm评分±2分。35 cm以上，评为45～50分，15 cm以下评为1～5分(图14-1)。

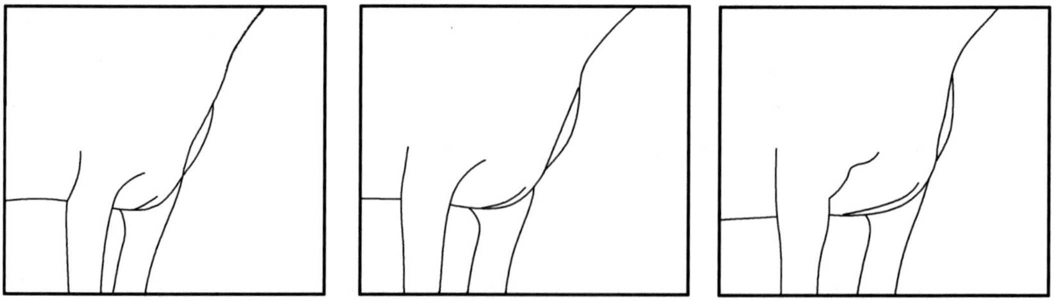

图14-1 胸宽线性评分标准示意图

(3)体深：根据中躯深度评分，主要看肋骨长度、开张度、深度。极浅的个体，评1～5分；中等深者，评25分；极深的评为45～50分(图14-2)。

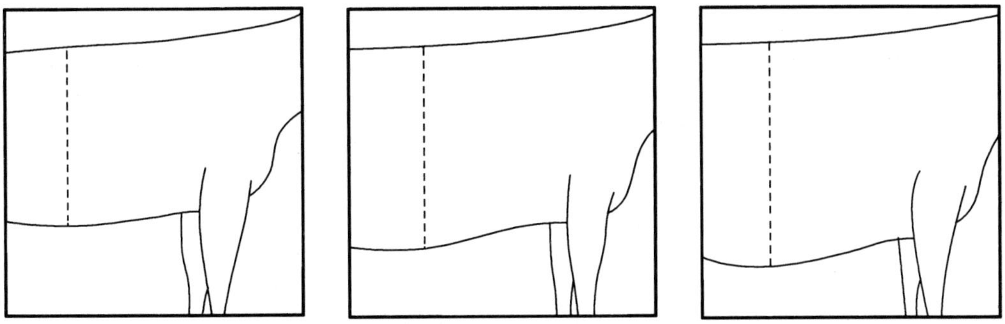

极浅评 1~5 分　中等评 25 分　极深评 45~50 分

图 14-2　体深线性评分标准示意图

(4)棱角性(又称乳用性、清秀度):主要看肋骨开张度和骨骼的明显程度。肋骨间宽两指半为 25 分,肋骨间越宽,骨骼越明显越加分,非常明显 45～50 分,非常不明显 1～5 分,以 35～45 分为最佳。此外,还要看雌相是否明显、皮肤薄厚而定(图 14-3)。

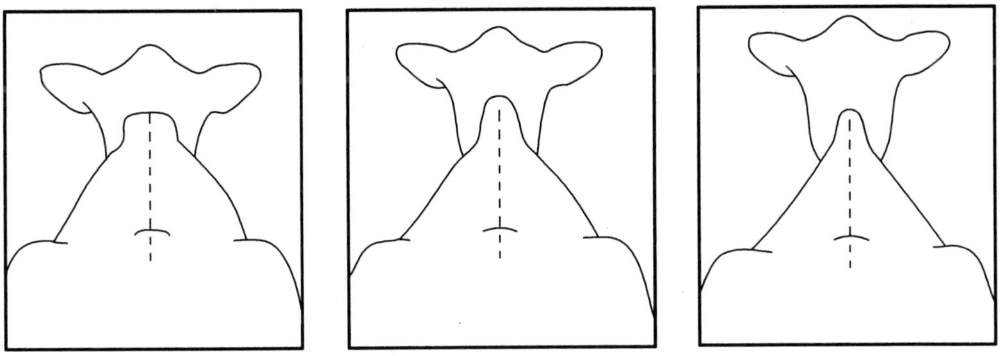

极差评 1~5 分　中等评 25 分　极明显评 45~50 分

图 14-3　棱角性线性评分标准示意图

(5)尻角度:从侧面看,腰角到坐骨结节连线与水平面之间的夹角,即坐骨端与腰角的相对高度。腰角略高于坐骨结节 4 cm 评为 25 分;坐骨结节高于腰角 4 cm,评为 1～5 分;腰角高于坐骨结节 12 cm,评为 45～50 分(图 14-4)。

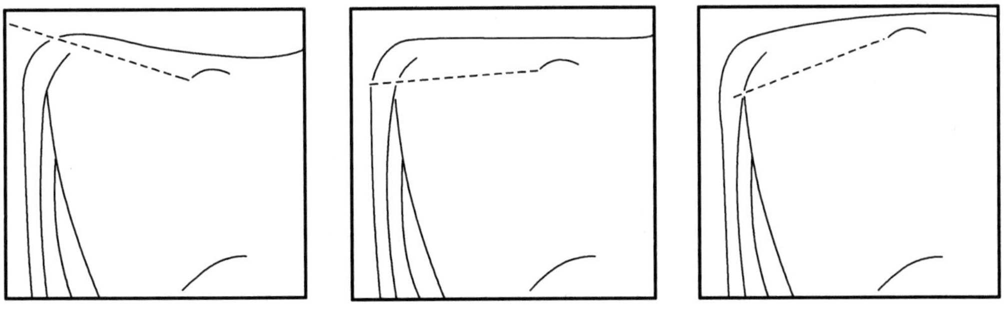

逆斜评 1~5 分　略有倾斜评 25 分　极斜评 45~50 分

图 14-4　尻角度线性评分标准示意图

(6)尻宽:为两坐骨端之间的宽度,20 cm 评为 25 分,±1 cm 评分±2 分, 15 cm 以下评为

1～5 分，24 cm 以上评为 45～50 分(图 14-5)。

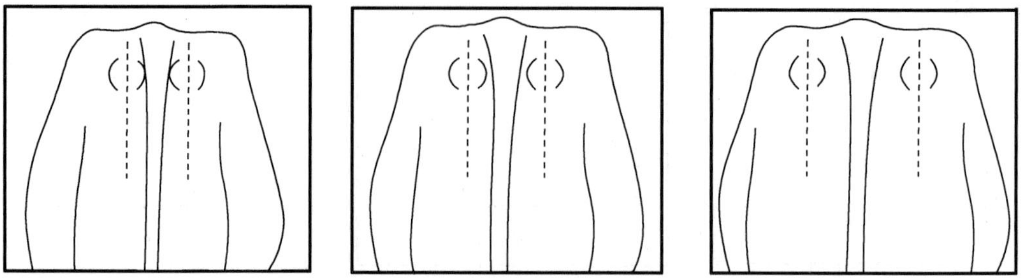

极窄评 1~5 分　　中等评 25 分　　极宽评 45 分以上

图 14-5　尻宽线性评分标准示意图

(7)后肢侧视：主要是从侧面看后肢的姿势，根据飞节处的弯曲度(飞节角度)进行线性评分。飞节角度 145 度评为 25 分；135 度以下（曲飞)评为 45～50 分；155 度以上(直飞)评为 1～5 分(图 14-6)。

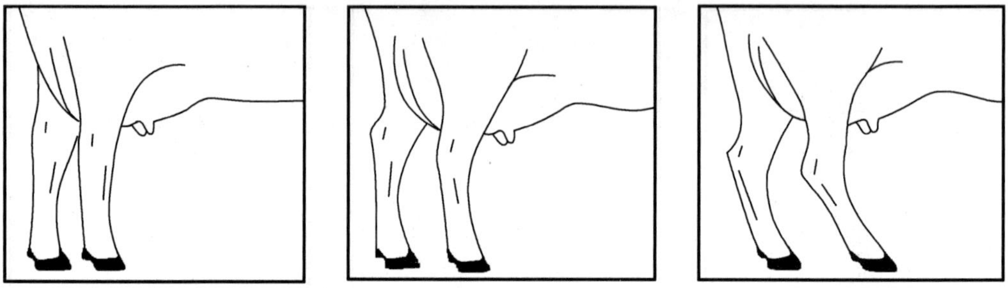

直飞评 1~5 分　　飞节处有适度弯曲评 25 分　　曲飞评 45~50 分

图 14-6　后肢侧视线性评分标准示意图

(8)蹄角度：主要根据蹄外侧壁与地面所形成的夹角进行线性评分。蹄角度小于 25 度的个体视为极低，评 1～5 分；45 度评为 25 分；65 度以上评为 45～50 分(图 14-7)。

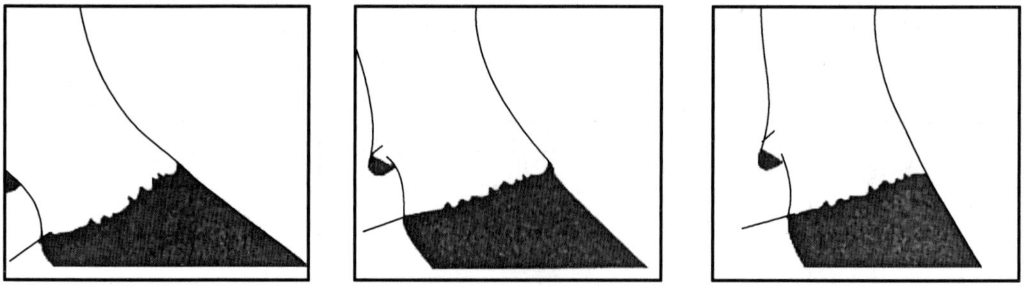

角度极小评 1~5 分　　中等评 25 分　　极大评 45~50 分

图 14-7　蹄角度线性评分标准示意图

(9)前乳房附着：主要根据乳房前缘与腹壁连接处的角度进行线性评分。连接附着极度松弛(90 度)评 1～5 分；连接附着中等结实(110 度)评 25 分；连接附着充分紧凑(130 度)以上，评为 45～50 分(图 14-8)。

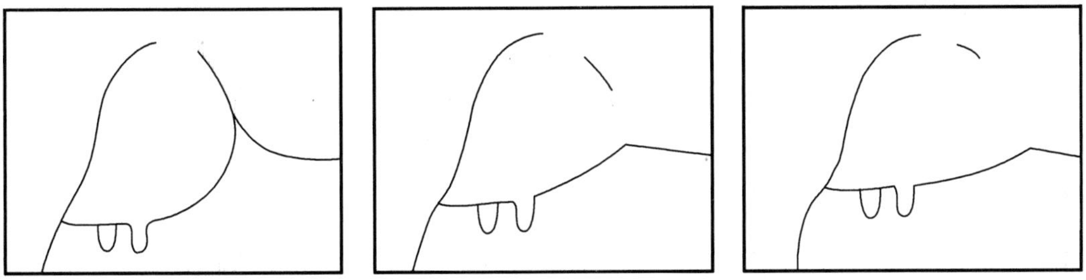

极度松弛评 1~5 分　　中等结实评 25 分　　充分紧凑评 45~50 分

图 14-8　前乳房附着线性评分标准示意图

(10)后乳房高度:主要从牛体后方观察后乳房与后腿连接点即乳腺组织上缘到阴门基部的距离。距离 40 cm 以上评为 1～5 分;距离 30 cm 评为 25 分;19 cm 以下评为 45～50 分(图 14-9)。

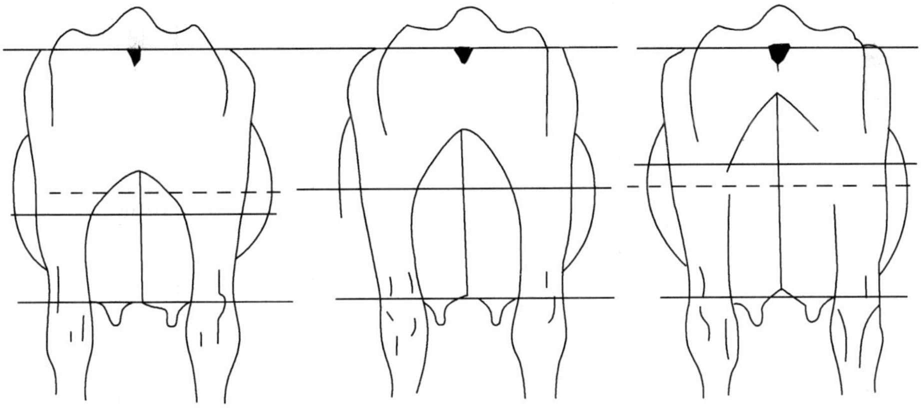

极低评 1~5 分　　中等评 25 分　　极高评 45~50 分

图 14-9　后乳房高度线性评分标准示意图

(11)后乳房宽度:为后乳房与后腿连接点之间的距离,即乳腺组织上缘的宽度。15 cm 评为 25 分,7 cm 以下评为 1～5 分,23 cm 以上评为 45～50 分(图 14-10)。

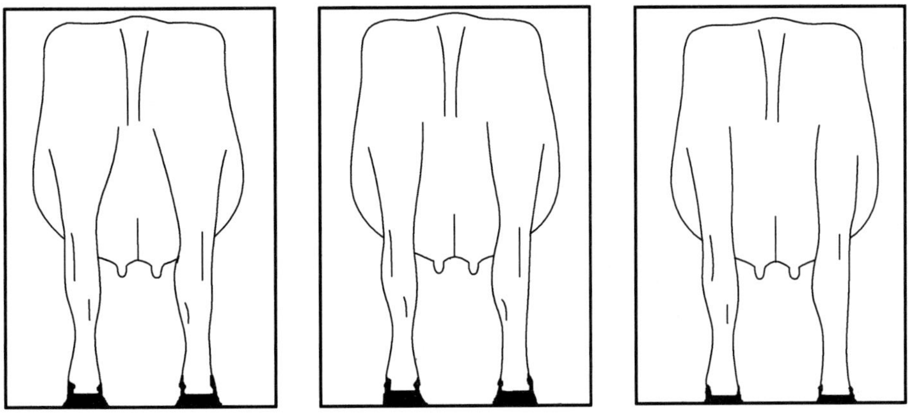

极窄评 1~5 分　　中等评 25 分　　极宽评 45~50 分

图 14-10　后乳房宽度线性评分标准示意图

(12)悬韧带:主要以后乳房中央悬韧带的表现清晰程度进行线性评分。中央悬韧带松弛,无乳房纵沟者评为1～5分;中央悬韧带强度中等,乳房纵沟明显(沟深3 cm)者评为25分;中央悬韧带结实有力,乳房纵沟极为明显(沟深6 cm)者评为45～50分(图14-11)。

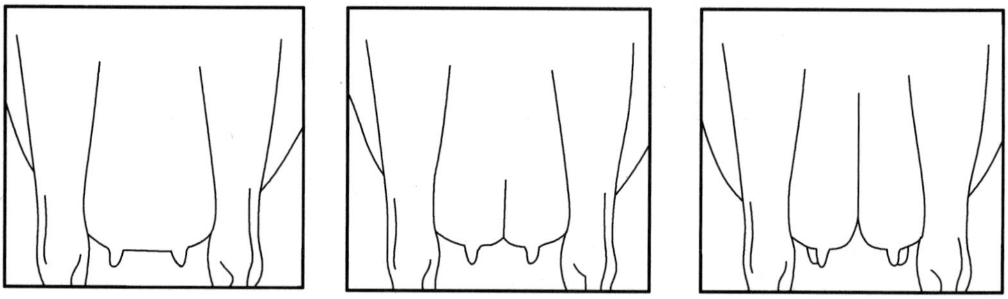

无乳房纵沟评1~5分　　纵沟明显评25分　　纵沟极为明显评45~50分

图14-11　悬韧带线性评分标准示意图

(13)乳房深度:主要后乳房基底与飞节的相对高度进行线性评分。高于飞节5 cm评为25分;飞节以上15 cm评为45～50分;飞节以下5 cm评为1～5分(图14-12)。

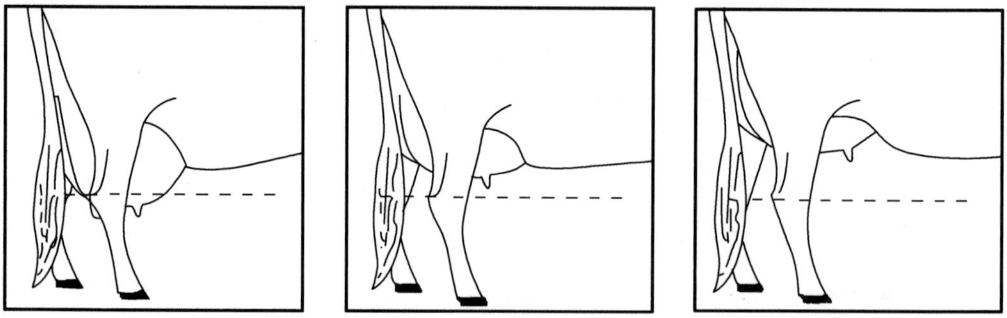

乳房基底极低评1~5分　　中等评25分　　极高评45~50分

图14-12　乳房深度线性评分标准示意图

(14)乳头位置:主要根据后视前乳区乳头在乳区内的位置进行线性评分。乳头基底部在乳区外侧,乳头离开的个体评1～5分;乳头位置在各乳区中央部位的评25分;乳头在乳区内侧分布,乳头内靠的评45～50分(图14-13)。

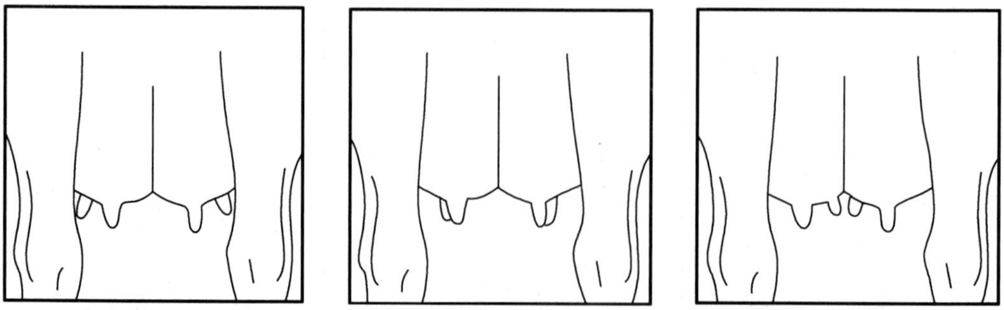

极向外评1~5分　　中间评25分　　极向内评45~50分

图14-13　乳头位置线性评分标准示意图

(15)乳头长度：5 cm 评为 25 分，3 cm 以下评为 1～5 分，9 cm 以上评为 45～50 分(图 14-14)。

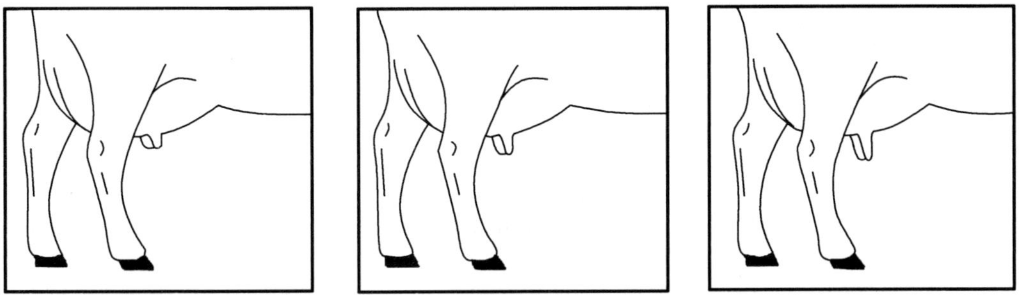

极短评 1~5 分　　中等评 25 分　　极长评 45~50 分

图 14-14　乳头长度线性评分标准示意图

注：图 14-1 至图 14-14 引自《中国荷斯坦牛体型线性鉴定规程(草案)》。

2. 线性评分转换为功能分

线性评分是用 1～50 分来描述体型性状从一个极端到另一个极端不同程度的表现状态。这种线性评分的大小仅是代表性状表现的程度，不能直接用其数值的大小说明性状的优劣。因此还需将线性评分转换为功能分(表 14-1)。功能分为百分制。

表 14-1　线性分与功能分的转换关系表

线性分	功能分														
	体高	胸宽	体深	棱角性	尻角度	尻宽	后肢侧视	蹄角度	前乳房附着	后乳房高度	后乳房宽度	悬韧带	乳房深度	乳头位置	乳头长度
1	51	51	51	51	51	51	51	51	51	51	51	51	51	51	51
5	57	57	57	55	57	57	55	56	55	58	55	55	55	55	55
10	64	64	64	60	64	64	60	64	60	65	60	60	60	60	60
15	70	69	69	65	70	69	65	68	65	68	65	65	65	65	65
20	75	73	73	70	80	74	75	71	70	70	70	70	70	75	70
25	80	75	75	76	90	78	90	76	76	75	75	75	75	80	80
30	85	80	80	80	80	81	75	85	80	78	80	80	85	83	90
35	90	90	85	85	75	85	70	95	85	81	85	85	92	85	85
40	95	85	90	95	70	90	61	90	92	85	90	90	85	88	80
45	90	77	85	85	65	95	56	85	90	90	92	95	75	90	75
50	80	75	75	75	51	88	51	80	80	97	97	80	70	75	70

3. 计算各部分、整体得分，进行等级评定

将被评定的奶牛各性状查取的功能得分，根据这些性状的生物学特性归为一般外貌、乳用特征、体躯容积和泌乳系统 4 项特征性状后进行加权(表 14-2)，计算加权后得分。然后根据一般外貌、乳用特征、体躯容积、泌乳系统的权重(表 14-3)，计算牛整体得分。最后根据等级类别及给分区段，评定出个体的等级(表 14-4)。

表 14-2　各部分性状与权重

一般外貌	性状	体高	胸宽	体深	尻宽	后肢侧视	尻角度	蹄角度
	权重(%)	15	10	10	10	20	15	20
乳用特征	性状	棱角性	尻宽	尻角度	后肢侧视	尻角度		
	权重(%)	60	10	10	10	10		
体躯容积	性状	体高	胸宽	体深	尻宽			
	权重(%)	20	30	30	20			
泌乳系统	性状	前乳房附着	后乳房高度	后乳房宽度	悬韧带	乳房深度	乳头位置	乳头长度
	权重(%)	20	15	10	15	25	7.5	7.5

表 14-3　整体评分表

系统	一般外貌	乳用特征	体躯容积	泌乳系统	合计
权重(%)	30	15	15	40	100

表 14-4　母牛整体评分等级标准

等级	优秀	良好	佳	好	中	差
给分区段	90～100	85～89	80～84	75～79	65～74	51～64

(四)注意事项

(1)体型评定主要是对母牛,而公牛则以其女儿体型评定平均得分为依据,同时参考公牛自身的外貌评分进行。

(2)最理想的鉴定时间是母牛头胎分娩后 60～150 天,在挤奶前进行。在干奶期、产犊前后、患病以及 6 岁以上的母牛,不宜作为线性评定的对象。

(3)评定打分时性状之间不要相互比较,每个性状根据生物学特性独立打分,这一点也正是线性鉴定的特点,与其他鉴定方法不同。

(4)本部分重点介绍了 50 分制体型线性评定方法。由于我国也允许使用 9 分制,可以参考《中国荷斯坦牛体型线性鉴定规程(草案)》进行。9 分制评定的性状与 50 分制相似,同时这 2 类评分制可以相互转换,50 分制的 25 分,约等于 9 分制的 5 分。

五、作业与思考

(1)对 2～5 头奶牛进行体型线性评定,然后将线性评定得分转换为功能得分;将性状分为一般外貌、乳用特征、体躯容积和泌乳系统 4 部分后,根据性状权重进行加权,再依据 4 部分的分值及各自在整体评分中的权重,计算出整体得分;最后根据等级类别及给分区段,评定出个体的等级。

①将 15 个性状线性评分填入表 14-5。

表 14-5　奶牛体型线性评定记录

牛号	具体性状	体高	胸宽	体深	棱角性	尻角度	尻宽	后肢侧视	蹄角度	前乳房附着	后乳房高度	后乳房宽度	悬韧带	乳房深度	乳头位置	乳头长度
	线性分															
	功能分															
	线性分															
	功能分															

②从线性分与功能分的转换关系表（表 14-1）查出被鉴定牛各性状功能得分，参照表 14-2，分别填入一般外貌、乳用特征、体躯容积、泌乳系统给分表（表 14-6 至表 14-9）。

表 14-6　一般外貌给分表

牛号	性状	体高	胸宽	体深	尻宽	后肢侧视	尻角度	蹄角度	合计
	得分								
	加权分								
	得分								
	加权分								

表 14-7　乳用特征给分表

牛号	性状	棱角性	尻宽	尻角度	后肢侧视	尻角度	合计
	得分						
	加权分						
	得分						
	加权分						

表 14-8　体躯容积给分表

牛号	性状	体高	胸宽	体深	尻宽	合计
	得分					
	加权分					
	得分					
	加权分					

表 14-9　泌乳系统给分表

牛号	性状	前乳房附着	后乳房高度	后乳房宽度	悬韧带	乳房深度	乳头位置	乳头长度	合计
	得分								
	加权分								
	得分								
	加权分								

③根据表14-3、表14-4一般外貌、乳用特征、体躯容积、泌乳系统的权重和线性等级，计算牛整体得分，评定出个体的等级，填入表14-10。

表14-10 整体评分与等级

牛号	性状	一般外貌	乳用特征	体躯容积	泌乳系统	合计	等级
	得分						
	加权分						
	得分						
	加权分						

(2)通过本实验，思考高产奶牛的体型应具备的特点。

实验十五　系谱的编制与识别

系谱是系统记载祖先情况的一种文件，是进行育种工作不可缺少的一种重要资料。根据它可以确定家畜的来源和它们之间的血统关系，并可根据祖先的性状分析，作出遗传性的近似推断，预测后裔品质的优劣。

一、实验目的

要求掌握几种系谱的编制方法。

二、实验内容

(1)个体系谱的编制。

①竖式系谱。

②横式系谱。

③结构式系谱。

④箭头式系谱。

(2)群体系谱的编制。

三、实验仪器和材料

直尺和坐标纸。

四、实验原理和方法

(一)竖式系谱

(1)又称直式系谱，其编制原则是：子代在上，亲代在下；母畜在左，公畜在右，逐代填写；亲代为第一代，祖代为第二代，曾祖代为第三代，依此类推，均用罗马字Ⅰ、Ⅱ、Ⅲ…表示代数并位于系谱的右方。

系谱中的生产成绩，可按Ⅰ-305-4556-3.6 的方法来缩写，意即第一胎、305 天产乳 4 556 kg、乳脂率为 3.6%。同样，对体尺指标也可按 136-151-182-19 的方法来缩写，意即为体高 136 cm、体长 151 cm、胸围 182 cm、管围 19 cm。

(2)子代竖式系谱各祖先血统关系的模式：

<table>
<tr><td colspan="8">子代</td><td></td></tr>
<tr><td colspan="4">母</td><td colspan="4">父</td><td>Ⅰ亲代</td></tr>
<tr><td colspan="2">外祖母</td><td colspan="2">外祖父</td><td colspan="2">祖母</td><td colspan="2">祖父</td><td>Ⅱ祖代</td></tr>
<tr><td>外祖母的母亲</td><td>外祖母的父亲</td><td>外祖父的母亲</td><td>外祖父的父亲</td><td>祖母的母亲</td><td>祖母的父亲</td><td>祖父的母亲</td><td>祖父的父亲</td><td>Ⅲ曾祖代</td></tr>
</table>

(二)横式系谱

(1)又称括号式系谱,其编制原则是:逐代自左至右排列,子代在左,亲代在右;公畜在上,母畜在下;各家畜的父母用括号联系起来。系谱正中可划一横虚线,表示上半部为父系祖先,下半部为母系祖先。

(2)横式系谱各祖先血统关系的模式:

- 子代
  - 父
    - 祖父
      - 祖父的父亲
      - 祖父的母亲
    - 祖母
      - 祖母的父亲
      - 祖母的母亲
  - ……………………………………
  - 母
    - 外祖父
      - 外祖父的父亲
      - 外祖父的母亲
    - 外祖母
      - 外祖母的父亲
      - 外祖母的母亲

(三)结构式系谱

又称系谱结构图,结构式系谱比较简单,无需注明各项内容,只要能表明系谱中的亲缘关系即可。其编制原则如下:

(1)公畜用方块"□"表示,母畜用圆圈"○"表示。

(2)绘图前,先将出现次数最多的共同祖先找出,放在一个适中的位置上,以免线条过多交叉。

(3)为使制图清晰,可将同一代的祖先放在一个水平线上。有的共同祖先在几个世代中重复出现,则可将它放在最早出现的那一代位置上。

(4)同一头家畜,不论它在系谱中出现多少次,只能占据一个位置,出现多少次即用多少条线条来连接。

(四)箭头式系谱

箭头式系谱(图 15-1)是专供作评定亲缘程度时使用的一种格式,凡与此无关的个体都可不必画出。

图 15-1 箭头式系谱

(五)畜群系谱

又称交叉式系谱,前几种系谱都是为单个体而单独编制的,畜群系谱则是为整个畜群而统一编制的(图 15-2)。它是根据整个畜群的血统关系,按交叉排列的方法编制起来的。利用它,可迅速查明畜群的血统关系,近交的有无和程度,各品系的延续和发展情况,因而有助于我们掌握畜群和组织育种工作。

作图前,首先根据历年的交配分娩记录,查出它们的父母,然后按下列顺序作图。

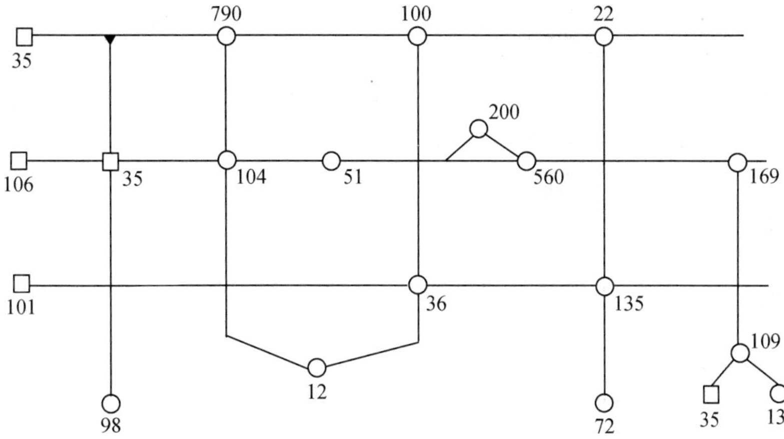

图 15-2　某畜群的系谱图

(1)先画出几条平行横线,在横线左端画出方块表示公畜,并注明其具体畜号(以下简称父线)。横线的多少,决定于所有种公畜的数量。而各公畜的安排顺序,则决定于其利用的早晚。图例的 101 和 106 号是该畜群的 2 头主要公畜,故应绘出 2 条横线。其中 101 号利用较早,应安排在最下面。

(2)根据畜群基础母畜的头数,可在图下画出相应的圆圈来表示,然后向上画出垂线(以下简称母线)。基础母畜彼此间的距离,决定于其后裔数量的多少。图例有 98、12 和 72 号 3 头基础母畜,以 12 号的后裔较多,故其距离应留宽一些。

(3)根据交配分娩记录找出其父母,然后在其父母线的交叉处画出该个体的位置,分别用□、○来表示,并在旁边注明其畜号。图中 34 号公牛为 106 号公牛和 98 号母牛交配所生,故应在父线和母线交叉处画上一□,并由 98 号处向上引出垂线连接之。

(4)本群所培育的公畜,如留群继续使用,应单独给它画上一条横线。图中 35 公牛已被留作种用,故应在 106 号横线的上面再单独画一横线,但必须在其原处向上引出垂线,在两线交叉处画一黑三角,以表明来自本群。

(5)当母畜继续留群繁殖时,可继续向上作垂线,并将其所生后代,画在父母线的交叉点上。图中 790 号母牛为 104 号母牛与 35 号公牛交配所生,故应在 104 号母线和父线的交叉处,画出 790 号的位置来。其他后代用同样方法来处理。

(6)有的母畜如果与父亲横线下的公畜交配,这样就不能再向上作垂线。此时应将它单独提出来另立一垂线。图中 109 号母牛与下面的 106 号公牛交配,生下 169 号母牛,此时则应将 109 号提出来另立一垂线,并在其下面注明其父 35 号和母 135 号。

(7)在父女交配的情况下,可将其女儿画在离横线不远处,并用双线连接。图中 200 号母牛,原是 106 号公牛与 560 号母牛父女交配所生,即应在离 560 号不远处画一○,然后再用条斜线分别与 106 号的横线和 560 号连接。

(8)为了表示群中各个体的变动情况,可用"Ⓥ 符号表示现已离群"。⊗ 符号表示已死。如为了表示各个体的来源和血统,还可用"○、●、◗"等符号表示不同品种和杂交代数。

(9)对已通过后裔测定的特别优良种畜,还将其符号画大一些,并在旁边注明其主要生产力指标。

(10)在规模较小的猪场中,使用公猪数不多,此时可在同一公猪处画出几条平行横线,一条线代表一年,按年代的远近由下向上排列。其他同于上述。

(11)在已建立品系和品族的情况下,则可将同一公畜的品系后裔画在同一横线上,而同一母畜的品族后裔则画在同一来源的若干垂线上。

五、作业与思考

(1)根据下列资料,编出荷兰品种母牛188号的竖式系谱、横式系谱、结构式系谱和箭头式系谱。

188号的父亲是13号,母亲是166号;

13号的父亲是12号,母亲是123号;

166号的父亲是13号,母亲是130号;

130号的父亲是12号,母亲是160号;

123号的父亲是44号,母亲是151号;

12号的父亲是70号,母亲是151号。

(2)根据西北农学院巴克夏猪核心群的部分资料,绘出畜群系谱。

畜号	性别	父	母	母父	母母	母母父	母母母
54	♀	41					
48	♂						
57	♂	48	49	41			
87	♀	48	54	41			
88	♀	48	54	41			
59	♂	57	83	48	54	41	
113	♀	57	88	48	54	41	
103	♀	57	87	48	54	41	
137	♀	59	113	57	88		
122	♀	59	88	48	54	41	
130	♀	59	88	48	54	41	
138	♀	59	103	57	87	48	54
50	♂						
158	♀	50	137	59	113	57	88
151	♀	50	88	48	54	41	
155	♀	50	122	59	88		
150	♀	50	88				
171	♀	50	130	59	88		
173	♀	50	130	59	88		
152	♀	50	138	59	103	57	87
153	♀	50	138	59	103	57	87
265	♀	50	150	50	88	48	54

实验十六　育种数据的记录与校正

动物育种数据从狭义上讲,是指性能测定数据。广义上则包括种畜的基本档案、性能测定数据、有关系统环境因素、遗传评估结果等。对育种数据的有效管理既是育种方案实施的基础,也是育种工作成败的关键因素之一。

一、实验目的

(1)熟悉动物育种中常用的档案记录类型及育种记录的注意事项。

(2)熟悉导致育种数据产生误差的原因。

(3)掌握利用2类校正因子(乘性和加性)进行数据校正的依据和方法。

二、实验内容

(1)动物育种中常用的档案记录。

(2)常见的育种数据误差及对育种数据进行校正的必要性。

(3)校正因子及其育种数据的校正。

三、实验仪器与材料

(1)计算机或计算器。

(2)原始育种数据。

四、实验原理与方法

(一)档案记录

无论是育种,还是经营管理,都需要建立档案制度,为育种和生产工作提供不可缺少的科学依据。

1.常用的记录

为了做好周密完整的记录,应按需要设计和准备有关育种记录表格,以便及时记录各种数据和有关情况,便于查考、总结和分析,使育种工作正常有效地进行。

(1)配种记录:为确定血统和亲缘关系所必须,主要记录与配的公、母畜编号、品种、年龄(或胎次)、配种日期以及交配方式,并推算出预产期。

(2)分娩记录:除登录父母亲的畜号、品种、年龄、胎次分娩日期、怀孕期等外,主要记录全部后代的编号、性别、断奶日期、哺乳期中生长发育和死亡情况以及毛色等外形特征。如出现寄养情况,则应注明从哪头母畜转给哪头母畜代哺。

(3)生长发育记录:留作种用的后备家畜或育种群的家畜应定期测量体重和体尺。测定的项目和间隔日期应根据育种计划的要求而定。为方便起见,可统一日期进行测定,并用相应的校正方法校正至规定日龄的体尺、体重。

(4)生产记录:各种畜禽的产品不同,生产性能的表现方式相差也很大。例如,奶牛和蛋鸡原则上每天都应做记录,而猪和其他肉用种畜本身不直接生产肉品,其生产记录就常用同胞或后裔的肥育性能或本身的生长发育记录来取代。在育种记录中,不仅要记录产品的数量,而且往往还要记录其质量,如乳脂率、蛋重等。

(5)饲料消耗记录:饲料用量对畜禽的生长发育和生产性能都有显著影响,直接关系到育种和生产成本,逐日准确记录实际消耗对育种工作是非常有帮助的。主要内容是记录日粮组成及各阶段各类饲料的消耗总量。通常不是以个体,而是以小群(或组)为单位来记录。

(6)种畜系谱卡:这是每头种畜的总结材料,除记载畜号、出生日期、出生地点、性别、品种等外,一般还包括三代简易系谱、本身各时期的生长发育记录、体质外形特征、有无遗传缺陷等。对于种公畜,还应记载历年的配种成绩;对于种母畜,还应记载各胎次的繁殖哺育成绩。

(7)疾病防治记录:一般应包括各主要传染病的免疫程序及其执行情况,抗体监测及其死畜的剖检记录,重大疫情及其处理记录。

2.育种记录注意事项

为了既准确又迅速地获取育种所需的各种数据,减少操作费用,应注意以下几方面。

(1)准备好记录表格和相关用具:记录表格中始终应将个体号置于第一项,这可减少因误记畜号而产生误差的机会。记录表格最好是印刷品,纸质应既轻便又坚实,如可能的话,可用防水纸。记录用笔最好是中等硬度的铅笔,而不要用钢笔或圆珠笔,因为铅笔往往在潮湿或者油污的纸上都能写。还要携带备用铅笔、铅笔刀。记录表格中应包括影响性状表现的各种可以辨别的系统环境因素(如年度、季节、场所、操作人员等),以便于数据的遗传和统计分析。

(2)注意记录方法和速度:为做到迅速记录,减少时间浪费和重复工作,可将记录表格放在硬质板上用纸夹夹住以防风吹。可能的话,应避免翻页,可将记录表一并摆放在较大的硬质板上。如记录表很多,必须翻页时,可在各页边缘贴上一块小纸,其上写上该页记录上所有个体的起止编号,以便迅速翻页找到所需号码。

(3)减少不必要的记录誊写:在作育种记录时,应尽量避免由一张记录表誊写至另一张记录表,因为每次誊写一系列数据,往往会造成误差。一个例子便是在现场做了记录之后,转抄一份室内记录,然后再转抄一份作为永久记录卡或者作为向计算机输入的材料。如果数据必须转抄,为防止原始数据丢失,应在现场收集之后马上转抄。转抄时应注意字体和数据清晰,避免潦草。

(4)注意记录的保护:对于育种资料,应建立一套完整的保存方法。现场记录时,可将各种记录表放进一个干净的塑料袋中以防下雨或受潮。记录时应保持两手干燥和干净,防止弄湿或弄脏记录表。同时,应防止家畜意外地将记录表叼走,扔进粪坑或者吃掉。对于所有育种记录应专人负责进行保护。

3.育种数据的管理

育种数据应设专人管理，并尽可能充分利用现代信息处理工具，如可利用计算机建立动物育种数据库以逐步实现计算机辅助育种。动物育种数据库的结构、内容和功能因畜种、育种工作的需要不同而不同。总体上来说，育种数据库的设计要考虑数据结构的合理性、完整性和安全性，便于程序设计及系统的维护和升级，便于进行统计和遗传分析。从复杂程度来说，用于场内测定和遗传评估时，可相对简单一些。但对于联合遗传评估，则要求统一方法进行性能测定和数据记录、统一格式建立育种数据库。

(二)常见的数据误差

育种中，数据的正确与否直接关系到育种工作的成败，因此，获得准确而有效的数据对育种工作是至关重要的。常见的数据误差主要有 2 种类型。

1. 因操作失误或方法不当而引起的误差

主要原因如下：

(1)误读标签。主要是由于没有耐心或者注意力不集中，或者视力不好，或者标签上的号码不清，或者标签位置不正等引起。因此，造成这类误差的原因主要有 2 种：一种是操作人员方面的，一种是标签方面的。前者可通过加强责任感和注意力或者对视力矫正等便可消除，后者往往是因试图省钱而应用了旧的、破损的标签而致，经常会导致重号个体的出现。其他情况，如猪的耳缺号码的破损，则往往是争斗、打架时咬破的，也会造成号码误读。

(2)误记数据。在操作和誊写时容易产生。因此，操作时，读数人员要大声读取每个数字，记录人员再大声地将所听数字回报一下，核准后再做记录。誊写数据应尽量避免，否则应仔细认真，切忌用钝头铅笔或易产生污渍的钢笔或圆珠笔记录。

(3)误听数据。多因报数人员声音不清，而记录人员又未对听取数据加以核实便记录下来，因此，记录人员大声回报一下所听数字是非常重要的。同时，报数人员要提高声音。

因此，要建立一套常规的记录方法，按照这些方法严格执行，否则，容易产生误差。而因上述原因造成的误差往往是不能校正的偶然误差，它的产生便意味着育种数据的丢失和无效。

2.因环境因素造成的误差

除遗传因素外，各种环境因素也是性状变异的主要来源。环境因素可以分为系统环境因素和非系统环境因素或随机环境因素。

(1)系统环境因素：其效应往往是已知的或者是可以被估计的，在遗传评估模型中通常作为固定效应。这些因素通常包括牧场、年份、季节、年龄、胎次、出生日期、性别、出生类型(如绵羊的单羔、双羔和多羔)、哺育类型、母亲年龄等。这些因素往往是以相似的方式影响每一个体的每个表型记录。例如，初产年龄为 28 月龄的母牛较初产年龄为 24 月龄的母牛的平均产奶量要高。其生物学理由是对于年龄这一系统环境因素，产犊较晚的较产犊较早的母牛更为成熟。

(2)非系统环境因素：其效应往往是偶然的、未知的、难以被估计的，因而也称为随机环境效应或残差。典型的非系统环境因素的例子如季节的异常变化、疾病的暴发等。

值得注意的是，在理解系统环境因素和非系统环境因素时，要与永久性环境因素和暂时性环境因素加以区别。永久性环境因素和暂时性环境因素的剖分是针对重复测定性状而言的。

前者表示对某一特定个体的性能产生持久影响，而且是以相似的方式影响一个个体的每个记录的环境因素。例如，奶牛生命早期饲料缺乏、发生疾病或肢体缺损等，这些因素会降低头胎、二胎以及随后各胎次的产奶量。后者则表示只对某一特定记录产生影响的环境因素。例如，奶牛的临时性乳腺炎感染。测量误差也属于暂时性环境因素。

（三）育种数据的校正

为了对家畜个体作公平有效的遗传比较，消除因系统环境因素造成的误差是必要的。校正方式有2种，一种是进行事先校正，即在遗传参数估计和遗传评估之前，就主要系统环境因素对数据进行校正；另一种是配合混合模型，其中将系统环境因素作为固定效应，在得到参数估值的同时，对数据进行校正。尽管目前的统计模型和遗传评估方法可以同时估计固定效应（即系统环境因素）和随机效应，但至少在利用选择指数进行选种时，事先必须就主要系统环境因素对表型值加以校正。要对数据作校正必须有一个校正因子，而校正因子的计算往往依赖于各种试验中获得的大量数据。

1. 育种数据校正的必要性

对系统环境效应校正，可以降低环境变异，从而提高遗传力和重复力，进而提高选种准确性，加快遗传进展。

根据数量遗传学的基础原理，表型方差可作如下剖分：

$$V_P = V_A + V_D + V_I + V_B = V_A + V_R$$

式中，V_A、V_D、V_I 和 V_E 分别为加性遗传效应、显性遗传效应、上位互作效应和环境效应，$V_R = V_D + V_I + V_E$，称为剩余效应。

而遗传力被定义为：

$$h^2 = \frac{V_A}{V_P} = \frac{V_A}{V_A + V_D + V_I + V_E} = \frac{V_A}{V_A + V_R}$$

对系统环境效应校正，使环境更为一致，因而环境方差变小，即 V_E 减小，从而使分母变小，遗传力增大。

例如，未校正前 $V_A = 0.1$，$V_{R_1} = 0.9$，则

$$h_1^2 = \frac{V_A}{V_A + V_{R_1}} = \frac{0.1}{0.1 + 0.9} = 0.1$$

如通过校正，使环境效应降低75%。则：

$$V_{R_2} = 0.25 V_{R_1} = 0.25 \times 0.9 = 0.056\,25$$

$$h_2^2 = \frac{V_A}{V_A + V_{R_2}} = \frac{0.1}{0.1 + 0.056\,25} = 0.64$$

即遗传力由0.1提高到0.64。

同理，对于重复测定性状，表型方差可做如下剖分：

$$V_P = V_G + V_{E_p} + V_{E_t}$$

式中：V_G 为遗传方差，V_{E_p} 和 V_{E_t} 分别为永久性和暂时性环境方差。而重复力的定义是：

$$r_e=\frac{V_G+V_{E_P}}{V_P}=\frac{V_G+V_{E_P}}{V_G+V_{E_P}+V_{E_t}}$$

对系统环境效应的校正，使 V_{E_t} 减小，从而使分母减小，重复力增大。

2. 校正因子的类型

对于校正因子，大致可以分为如下 2 类：

(1)加性校正因子。就个体的某一记录加上一个数值用来反映其相当于某一基准水平的期望性能，这一数值称为加性校正因子。例如，对 2 岁母亲所产犊牛的断奶重加上 28 kg 代表其如果是 5～9 岁母亲所产后代的期望断奶重。也就是说，将 2 岁母亲所产犊牛的断奶重校正到相当于 5～9 岁母亲所产后代断奶重的基础上，需对其断奶重加上 28 kg。相反方向的校正因子为－28 kg。

加性校正只改变均数，而不影响校正后性状的变异。这可以用图 16-1 加以说明。图中，直线 AB 表示相对于被校正个体的基准个体的性能，平均数用圆点表示，平均数的离散度(即标准差)为直线 AB。其他个体因某些系统环境因素影响，性能较低，需要对其校正。注意 CD 的离散度与 AB 一样。这里的校正就是将 CD 校正到 $A'B'$，这时将校正因子加在较低的均数上即可。

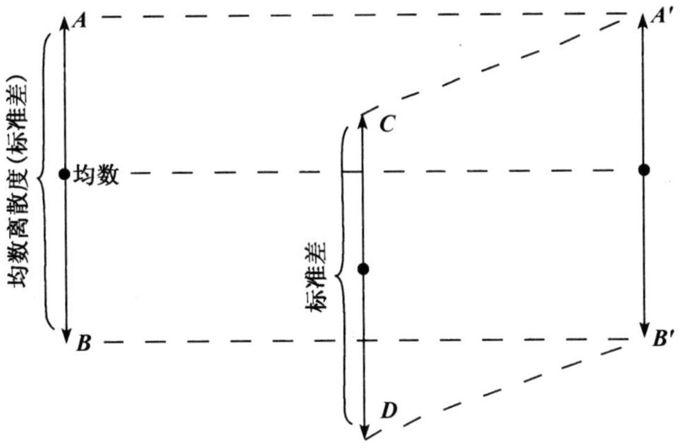

图 16-1　加性校正因子示意图

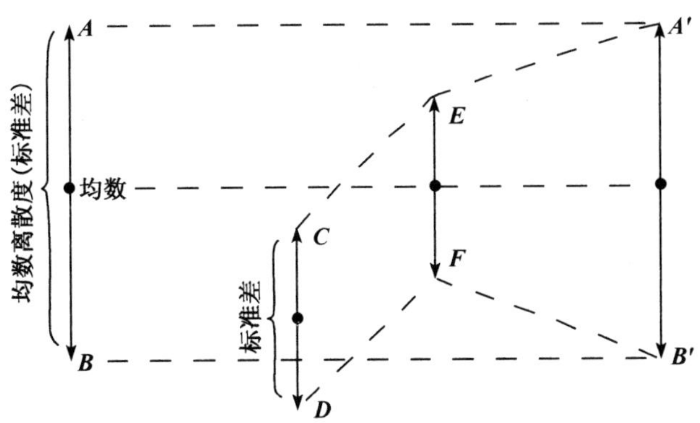

图 16-2　乘性校正因子示意图

(2)乘性校正因子。就个体的某一记录乘以一个数值用来反映其相当于某一基准水平的期望性能,这一数值称为乘性校正因子。例如,如果成年母牛较2岁母牛所产犊牛体重总体上高8%,那么,将2岁母牛所产犊牛体重校正到成年母牛所产后代体重基础上,其乘性校正因子为1.08((1+0.08)/1)。相反方向的校正因子则为0.926(1/(1+0.08))。乘性校正因子影响校正后性状的变异。如果校正因子大于1.0,使校正后性状的变异增大;否则,如果校正因子小于1.0,则使校正后性状的变异减小。

乘性校正的原理可以用图16-2加以说明。图中,CD 的性能不但平均数低,而且离散度小(即标准差小),因此,将其向上移至 EF 还不够。这时,就需要进行乘性校正,即将 EF 加宽至 $A'B'$ 使其与 AB 相等。因此,乘性校正使均数和变异均发生改变。

3.数据校正方法

(1)加性校正的例子:表16-1是利用加性校正因子校正绵羊断奶重的一个例子。表中,250号和251号为双胎,且是双胎哺育。为使其等同于单胎单哺,每个应加上4.2 kg。它们的母亲为2岁,因此,两羔羊中的每只再加上1.3 kg。两羔羊均较群体中其他羊羔大一天,每只应减去0.17 kg。因此,对于每只羔羊的实际断奶重加上(4.2+1.3)-0.17=5.33(kg)便是其校正体重。注意,由于它们均为公羔,故对性别未作校正。120号和121号也为双胎,但其中121号死亡,因此,120号如同单胎单哺。因其为单胎,则应加2.0 kg;因由3岁母亲所生,应加0.2 kg;由于其为母羔,应加2.0 kg;因其较平均年龄小2天(+2),应加0.34 kg。将这些相加为(2.0+0.2+2.0+0.34)=4.54(kg),然后加上其实际重量25 kg,便为校正重量29.5 kg。最后,86号羔羊为一单胎母羊。对其母亲年龄校正应加0.2 kg,对其性别校正应加2.0 kg,对其年龄校正应加0.34 kg,共计(0.2+2.0+0.34)=2.54(kg)。然后加上其实际重22 kg,便为校正重量24.5 kg。

表16-1 用加性校正因子校正绵羊断奶重的例子

羔羊编号	出生数/哺育数	母亲年龄	性别	羔羊日龄	实际断奶重(kg)	校正断奶重(kg)
220	2/2(+4.2)	2(+1.3)	公(-)	+1(-0.17)	20(+5.33)	25.3
251	2/2(+4.2)	2(+1.3)	公(-)	+1(-0.17)	17(+5.33)	22.3
120	2/1(+2.0)	3(+0.2)	母(+2.0)	-2(+0.34)	25(+2.54)	29.5
121	死亡	—	—	—	—	—
86	1/1(-)	3(+0.2)	母(+2.0)	-2(+0.34)	22(+2.54)	24.5

(2)乘性校正的例子:例如,对不同性别、母亲年龄安哥拉山羊生长性状进行校正,所用加性和乘性校正系数见表16-2,其中,对于性别,以公羔为基准水平,将母羔校正到公羔水平上;对于母亲年龄,以3岁为基准,将其他年龄均校正到3岁。若某一母羔 A 断奶重为15 kg,其出生时母亲年龄为5岁,利用加性校正因子校正到基准水平,其校正断奶重为15.37 kg;另一母羔 B 断奶重为14.5 kg,出生时母亲年龄为2岁,利用加性校正因子,其校正断奶重为16.30 kg,反而比母羔 A 重。

若利用乘性校正因子,母羔 A 和母羔 B 的校正断奶重分别为15.46 kg和16.40 kg,2只母羔间的差异趋势与加性校正相似,但二数值与加性校正断奶重均有一定差异。那么,对于某一性状，到底应该采用加性校正还是乘性校正呢？这就有一个适宜校正类型的选择问题。

表 16-2　不同性别、母亲年龄安哥拉山羊各阶段体重的校正系数*

因素	加性校正因子				乘性校正因子			
	初生重	断奶重	周岁重	18 月龄重	初生重	断奶重	周岁重	18 月龄重
性别								
公	0.00	0.00	0.00	0.00	1.00	1.00	1.00	1.00
母	0.13	1.70	1.68	1.97	1.06	1.12	1.08	1.08
母亲年龄								
2	0.09	0.10	−2.02	−0.14	1.04	1.01	0.91	0.99
3	0.00	−0.47	−0.58	−0.09	1.00	0.97	0.97	1.00
4	0.00	0.00	0.00	0.00	1.00	1.00	1.00	1.00
5	−0.12	−1.33	−1.20	−0.42	0.95	0.92	0.94	0.98
6	−0.03	−0.43	0.56	0.34	0.99	0.97	1.03	1.01
≥7	−0.04	−0.52	−2.13	−1.53	0.98	0.96	0.90	0.95

* 摘自 Liu Wenzhong 等，2005。

4. 适宜校正因子类型的判定

如前所述，加性校正因子和乘性校正因子本质上的差异是前者不改变校正后数据的变异，而后者则改变校正后数据的变异。换一句话说，当不需要改变数据的变异时，宜采用加性校正因子；需要改变数据的变异时，宜采用乘性校正因子。而需不需要改变数据的变异则取决于校正前的数据在各因素的各个水平间的方差是否同质。

方差的同质性检验，可用 SAS 或 SPSS 软件的 GLM（一般线性模型）过程进行单因素方差分析，利用 Bartlett's 检验或 Levene's 检验进行。若方差同质，宜用加性校正因子；否则，若方差异质，宜用乘性校正因子。但当数据的正态性较差时，Bartlett's 检验犯 Ⅰ 型错误（即将非真实差异判为真实差异）的概率很大，因此，广泛认为，Levene's 检验是方差同质性检验的标准方法。对于表 21-6 中的校正因子，根据 Levene's 检验结果，断奶重应就性别做乘性校正，其他性状应就性别做加性校正；所有性状应就母亲年龄做加性校正。由此，母羔 *A* 和母羔 *B* 的校正断奶重应分别为 15.47 kg 和 16.34 kg。假定 2 只母羔间不存在其他环境方面的差异，未校正前母羔 *A* 较母羔 *B* 断奶重高，但校正后却较母羔 *B* 低，由此才反映出 2 只母羔间的真正遗传差异。

五、作业与思考

（1）动物育种中常用的档案记录有哪些？

（2）导致育种数据产生误差的原因有哪些？

（3）什么是加性校正因子和乘性校正因子？二者的区别在哪里？

(4)在肉牛育种中,初生重需就母亲年龄进行校正,断奶重在性别内就母亲年龄校正,二者均校正到成年母亲基础上。表 16-3 列出的是肉牛初生重和断奶重的校正系数。

表 16-3 肉牛初生重和断奶重的校正系数

母亲年龄	初生重	断奶重	
		公	母
2	3.91	29.33	26.39
3	2.44	19.55	17.60
4	0.98	9.78	8.80
5～10	0.00	0.00	0.00
≥11	1.47	9.78	8.80

请根据这些校正系数利用如下公式计算表 16-4 中 4 头犊牛的校正初生重、校正 205 天断奶重和校正 365 天周岁重填入表中。

校正初生重＝初生重＋母亲年龄校正因子

校正 205 天断奶重＝[(实际断奶重－初生重)/断奶年龄]×205＋初生重＋母亲年龄校正因子

校正 365 天周岁重＝[(实际周岁重－实际断奶重)/期间的天数]×160＋校正 205 天断奶重

表 16-4 肉牛校正初生重、校正 205 天断奶重和校正 365 天周岁重的计算

犊牛	性别	母亲年龄	初生重(BW)	断奶年龄	断奶重(WW)	周岁年龄	周岁重(YW)	校正初生重	校正205天重	校正365天重
1	M	2	39	210	200	370	415			
2	F	4	40	220	247	380	398			
3	M	7	37	215	259	375	396			
4	F	3	44	200	239	360	406			

(5)有一只 2 岁母亲所生的安哥拉山羊母羔,其初生重、断奶重、周岁重和 18 月龄重分别为 2.3、15、20 和 26 kg。如将该羔羊校正到 4 岁母亲所生的公羔水平上,请根据表 16-2 中安哥拉山羊各阶段体重的乘性校正因子,计算其各阶段的校正体重。

实验十七　系谱审查与后裔测定

在动物种用价值的评定中，除了直接利用个体本身的遗传信息外，还要尽可能地扩大遗传信息的来源，利用多种亲属资料来提高评定的准确性。亲属中与个体亲缘关系最紧密的是直系亲属，即祖先和后代，因此，通过对祖先和后代2种资料的审查和测定就可对个体的种用价值作出相应的评定。

一、实验目的

(1)熟悉并掌握系谱审查的原理、方法以及注意事项，并能根据相关资料进行实际应用。

(2)熟悉并掌握后裔测定的原理、方法以及注意事项，并能根据相关资料进行实际应用。

二、实验内容

(1)系谱审查的原理、方法以及注意事项。

(2)后裔测定的原理、方法以及注意事项。

三、实验仪器与材料

(1)直尺、计算器。

(2)乳牛和猪的育种数据和系谱资料。

四、实验原理与方法

(一)系谱审查

1. *原理*

系谱审查，就是以系谱为基础，根据祖先(主要是父母)的生产成绩、发育状况、外形评分、育种值以及有无遗传疾病等表现，对后代可能出现的品质作出推断，决定其是否选留。此外，通过系谱审查还能了解它们之间的亲缘关系、近交的有无和程度，以往选配工作的经验与存在的问题，直接为以后的选配提供依据。

2. *方法*

系谱审查时，可将多个系谱的各方面资料，直接进行有针对性的分析对比，即亲代与亲代比，同一祖代之间比较。具体比较各祖先个体的体重、生产力、外形评分、后裔成绩等指标的高低，如此经全面权衡后，作出选留决定。

3. 注意事项

(1)审查重点应放在亲代的比较上。更高代数的遗传相关很小,准确性下降。

(2)凡在系谱中,母亲的生产力大大超过畜群平均数,父亲经后裔测定证明为良,或所选后备种畜的同胞也都高产,这样的系谱应给予较高的评价。

(3)凡生产性能都有年龄性变化,比较时应考虑其年龄和胎次是否相同,不同则应作必要的校正。

(4)注意系谱各个体的遗传稳定程度。

(5)注意各代祖先有无遗传缺陷。

(6)在研究祖先性状的表现时,最好能联系当时的饲养管理条件来考虑。

(7)对一些系谱不明,血统不清的公畜,即使个体本身表现不错,开始也应控制使用,直到取得后裔测定证明后,才可确定对其是否扩大使用。

(二)后裔测定

1. 原理

后裔测定,就是以后裔为基础的选择。就是在一致的条件下,对几头公畜的后裔进行对比测定,然后按各自后裔的平均成绩,确定对亲本的选留与淘汰。这对不能直接测定性能的公畜(如乳用品种的公牛)或限性性状的选择尤为有用。

2. 方法

(1)母女对比法:通过后裔与其母亲成绩的比较,了解其父亲在这当中所起的作用。

当母女对数较多时,可用垂直线法作出图解。其法应首先给出方格表,以横坐标表示母女对数,以纵坐标表示母女产量。绘图时,每一对母女标在同一垂直线上,母亲产量用圆圈表示,女儿产量用箭头表示;高于母亲者箭头向上,低于母亲者箭头向下。最后由多数箭头的方向,即可清楚看出该公畜种用价值的大小。

(2)公牛指数:该指数就是假定公牛和母牛对女儿产乳量具有同等的遗传影响,因此女儿的产乳量,就等于其父母产乳量的平均数。计算公式如下:

$$D=\frac{1}{2}(F+M) \qquad\qquad F=2D-M$$

式中:F 为公牛指数(公牛的产乳量);D 为女儿的产乳量;M 为母亲的产乳量。

(3)不同后代间比较法:这种方法是同母异父的后裔间进行比较,由于母畜品质基本相同,这样可以从后裔差别中看出公畜的遗传品质,此法多用于猪。

(4)同期同龄女儿比较法:由于不同公畜的后代间,彼此出生时期接近,年龄相同,饲养管理条件也基本一致,因此,更富于比较性,从而使鉴定结果更确实可靠。此法简便易行,但一定要在规模较大的牧场才有实施的条件。

(5)后裔与畜群(或品种)平均指标的比较:利用这种方法,可大体看出畜群向好还是坏的方面转变的情况。如果该公畜的后裔成绩,显著高于畜群平均指标,显然对这个畜群来说,该公畜是一个改良者。反之,则为恶化者。此法在一个畜群来源不明,生产性能不详的新建牧场中,用之较为方便,对提高畜群品质也有一定的实际效果。

3. 后裔测定应注意事项

(1)选配母畜应尽可能相同：公畜的与配母畜应力求在品种、类型、年龄和等级上尽可能相同，以缩小因母畜不同所造成的差异。

(2)饲养管理条件应尽可能一致：无论在后裔与后裔之间，还是在后裔与亲代之间，都应要求在饲养管理上尽可能大体相同，以缩小和消除因生活条件不同所造成的差异。

(3)一定的后裔数量：如果上述 2 个条件能做到较好的控制，则大家畜能有 6～10 头后裔，小家畜能有 20～30 头后裔，即可对某种用价值作出大致的肯定。

(4)评定指标要全面：不仅要重视后裔的生产力表现，同时还要注意其生长发育、体质外形和对环境的适应性。

(5)从外引进的公畜，不论是否作过后裔测定，最好都应在所利用的地区和畜群，接受遗传稳定性的审查。

五、作业与思考

(1)以下是两头公牛的系谱材料，试通过系谱审查，分析哪一头的种用价值较好，并说明理由。

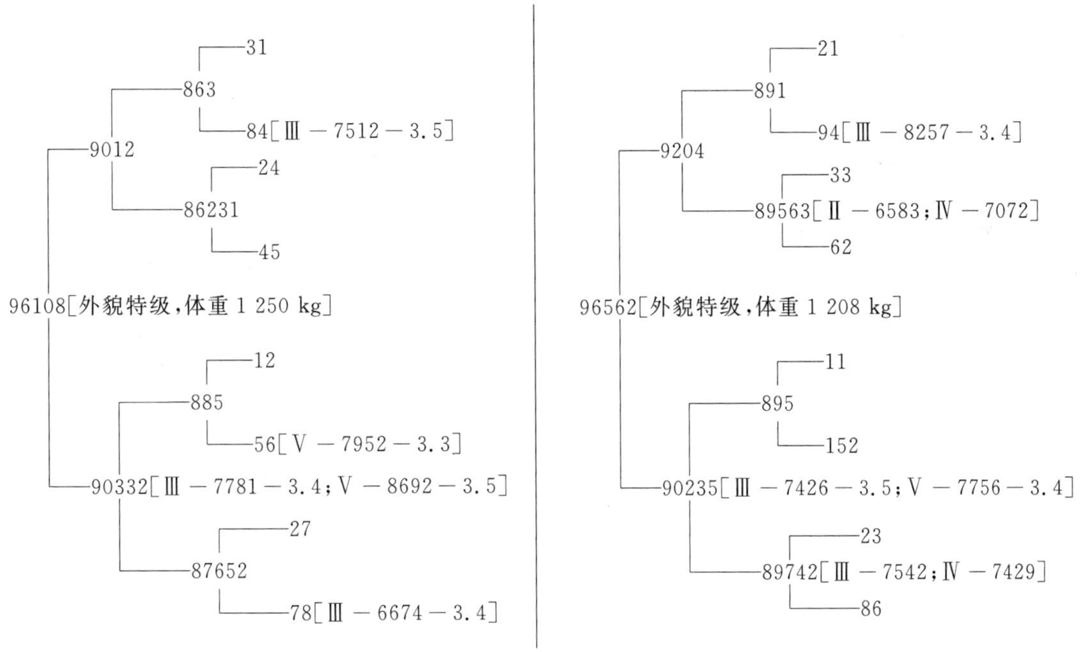

(2)根据下表资料，分别采用垂直线图解法和计算公牛指数的方法，来测定 101 号、22 号、30 号这 3 头公牛的遗传品质，并对其种用价值作出评价。

公畜号	与配母畜		女儿	
	畜号	产乳量(kg)	畜号	产乳量(kg)
101	1	5 080.4	112	7 156.0
	5	6 445.2	131	7 392.2
	6	4 500.7	111	4 854.7
	6	4 500.7	137	6 053.6
	9	4 988.7	142	6 259.7
	13	5 565.7	113	7 032.0
	19	4 232.5	128	5 942.0
	19	4 232.5	135	5 048.0
30	1	5 082.4	171	6 140.7
	5	6 445.2	197	7 072.7
	6	4 500.7	185	5 324.2
	6	4 500.7	210	5 100.0
	9	4 988.7	139	7 072.7
	13	5 565.7	177	7 123.0
	13	5 565.7	190	7 194.7
22	112	6 156.0	138	7 593.0
	122	6 527.6	147	5 455.7
	19	4 232.5	149	5 032.6
	128	5 942.5	150	7 301.7
	121	4 700.4	152	8 132.5
	1	5 082.4	158	6 008.7

(3)利用同龄后代的各项成绩相比较，评定下列 4 头公牛的种用价值何者为优。

公牛号	女儿数目	女儿泌乳期	产乳量(kg)	乳脂率(%)	活重(kg)
189	32	2	6 219	3.54	485
201	37	2	5 849	3.30	487
211	21	2	6 354	3.41	458
191	53	2	6 172	3.40	483

(4)利用后裔的各项成绩，分别与畜群的平均指标相比较，评定下列 3 头公猪种用价值的高低。

特 征	指 标	畜群平均指标	448 号	339 号	3 号
繁 殖 力	窝产仔数(头)	11.26	11.2	11.6	10.8
	断奶仔猪数(头)	8.7	8.8	9.3	8.6
	泌乳力(kg)	55.25	52.0	56.7	65.4
增重能力	断奶时平均活重(kg)	13.20	12.4	13.4	13.5
	初生时平均活重(kg)	1.13	1.07	1.13	1.13
产肉能力	成年活重(kg)	203.0	192.0	190.0	239.0
	体长(cm)	152.6	149.9	151.0	155.4
	胸围(cm)	135.1	134.5	135.0	145.0
	体高(cm)	81.7	79.0	78.5	85.1
	胸深(cm)	46.5	45.7	46.5	46.9

实验十八　单性状动物模型 BLUP 育种值估计

畜禽种用价值的高低通常用育种值(breeding value)的大小衡量,因为在影响性状表型的3种主要遗传效应,即加性效应、显性效应和上位效应中,只有加性遗传效应即育种值能够稳定遗传给后代。但是,育种值无法直接测量,只能通过一定的统计学方法加以估计,因此遗传评定的实质内容就是育种值的估计。

近半个世纪以来,育种值估计方法在不断改进和发展。目前世界各国,尤其是发达国家,以 BLUP(best linear unbiased prediction, 最佳线性无偏预测)方法应用最广,这种方法为畜禽重要经济性状的遗传改良做出了重大贡献。

在用 BLUP 时,首先要根据所考察性状的表型信息资料的性质建立适当的模型。目前在育种实践中普遍采用的是动物模型(animal model)BLUP。这里我们介绍单性状无重复观察值(即一个个体在所考察性状上只有一个观察值)时的动物模型 BLUP。

一、实验目的

(1)熟悉并掌握无重复观察值时动物模型 BLUP 育种值估计的基本原理和方法。

(2)了解 PEST 等遗传评估软件的基本原理及使用方法。

二、实验内容

(1)模型。

(2)混合模型方程组及其求解。

(3)有关参数计算。

①育种值估计的准确度。

②育种值估计的可靠性。

三、实验仪器与材料

(1)计算机。

(2)遗传评估软件。

四、实验原理与方法

性状(如体重、产奶量等)的观察值包括遗传效应和环境效应,即 $P = G + E$。遗传效应又分为固定遗传效应(如不同遗传水平的性别组、年龄组等)和随机遗传效应(如种畜评定中可把 j 头待估种畜看作是从一个无穷多头种畜的畜群总体中抽取出来的一个随机样本);环境效应也分为固定环境效应(长时间作用于所有个体上的环境因素的效应,如牧场、年度、季节等)和随机环境效应(不规则的作用于个别动物的环境因素的效应)。

BLUP 方法最早由美国数量遗传学家 Henderson 提出,其重要特征是,在同一个估计方程中,既能估计固定的环境效应和固定的遗传效应,又能预测随机的遗传效应。在用 BLUP 时,首先要根据表型信息资料的性质建立适当的模型。针对不同的表型信息资料,有不同形式的 BLUP 模型,如公畜模型(sire model)、公畜-母畜模型(sire-dam model)、外祖父模型(maternal grandsire model)以及动物模型(animal model)等,模型中的随机遗传效应分别对应于公畜效应、公畜-母畜效应、公畜-外祖父效应、个体本身的加性遗传效应。

基于动物模型的 BLUP 育种值估计方法即动物模型 BLUP。与传统的选择指数法相比,动物模型 BLUP 具有以下理想性质(Kenned,1985):

(1)最有效地充分利用所有亲属的信息;

(2)能校正由于选择交配所造成的偏差;

(3)当利用个体的重复记录(如多个胎次的记录)时,可将由于淘汰(如将早期生产成绩不好的个体淘汰)所造成的偏差降到最低;

(4)能考虑不同群体及不同世代的遗传差异;

(5)能提供个体育种值的最精确的无偏估计值。

动物模型 BLUP 的基础是线性混合模型方程组(mixed model equations, MME),通过对 MME 求解,得到个体的育种值。因此应用这个方法时,先要根据具体情况,配合一个观察值与各种效应间的数学表达式,即模型。

这里以奶牛的产奶量性状为例,介绍无重复观察值时动物模型 BLUP 的模型、MME、以及相关参数的基本原理及计算方法。

(一)模型

假设我们仅针对奶牛的产奶量性状进行育种值估计,如果牛群中每一头奶牛只有一个产奶量观测值,当不考虑显性效应和上位效应,则每头奶牛的产奶量观测值可用如下的模型加以描述:

$$y_{ij}=h_i+a_j+e_{ij} \tag{18-1}$$

式中:y_{ij}为第 i 个牧场第 j 头奶牛的产奶量,即表型观测值;

h_i为第 i 个牧场对第 j 头奶牛的效应,是固定环境效应;

a_j为第 j 头奶牛的加性遗传效应(育种值),是随机遗传效应;

e_{ij}为第 j 头奶牛在第 i 个牧场的随机误差,主要由随机环境效应所致。

假如我们有 n 头奶牛的产奶量观测值,现要对 s 头奶牛($s\geqslant n$)的产奶量进行育种值估计,则为了简便表达 n 头奶牛的产奶量观测值,同时也为了便于编制计算机程序,通常将模型表达式(18-1)写成矩阵形式:

$$\boldsymbol{y}=\boldsymbol{Xh}+\boldsymbol{Za}+\boldsymbol{e} \tag{18-2}$$

式中:$\boldsymbol{y}$ 为表型观测值向量,即 n 头奶牛的产奶量;

$\boldsymbol{h}$ 为固定环境效应向量,如牧场;

$\boldsymbol{X}$ 为固定环境效应 $\boldsymbol{h}$ 的关联矩阵,其中的元素"1、0"代表参数的有或无;

$\boldsymbol{a}$ 为待进行育种值估计的 s 头奶牛的随机遗传效应向量,即育种值向量;

$\boldsymbol{Z}$ 为随机遗传效应 $\boldsymbol{a}$ 的关联矩阵，当 $\boldsymbol{a}$ 中的所有个体都有观测值时，即 $s=n$ 时，$\boldsymbol{Z}=\boldsymbol{I}$；

$\boldsymbol{e}$ 为随机残差效应向量。

在这个模型中，$\boldsymbol{h}$ 为固定效应，$\boldsymbol{a}$ 和 $\boldsymbol{e}$ 为随机效应。

随机效应 $\boldsymbol{a}$ 和 $\boldsymbol{e}$ 的数学期望为：

$$E(\boldsymbol{a})=E(\boldsymbol{e})=0$$

随机效应 $\boldsymbol{a}$ 和 $\boldsymbol{e}$ 的协方差矩阵分别为：

$$Var(\boldsymbol{a})=\boldsymbol{G}=\sigma_a^2\cdot\boldsymbol{A}$$
$$Var(\boldsymbol{e})=\boldsymbol{R}=\sigma_e^2\cdot\boldsymbol{I}$$

式中：σ_a^2 为加性遗传方差；σ_e^2 为随机残差方差；$\boldsymbol{A}$ 为 s 头奶牛间的加性遗传相关矩阵（additive genetic relationship matrix），即分子亲缘相关系数矩阵（numerator relationship matrix），因 $\boldsymbol{A}$ 矩阵中的元素 a_{ij} 是 s 头奶牛间的亲缘相关系数计算公式中的分子部分。$\boldsymbol{A}$ 矩阵具体表示为：

$$\boldsymbol{A}=\begin{bmatrix} a_{11} & a_{12} & \cdots & a_{1n} \\ & a_{22} & \cdots & a_{2n} \\ & & \cdots & a_{3n} \\ \text{对称} & & & a_{nn} \end{bmatrix} \tag{18-3}$$

其中，a_{ij} 为奶牛个体 i 与奶牛个体 j 之间的加性遗传相关，如 a_{12} 为 1 号奶牛与 2 号奶牛间亲缘相关系数计算公式中的分子。

（二）混合模型方差组（MME）

对式（18-2）的模型可建立与之相应的混合模型方程组：

$$\begin{bmatrix} \boldsymbol{X'X} & \boldsymbol{X'Z} \\ \boldsymbol{Z'X} & \boldsymbol{Z'Z}+\boldsymbol{A}^{-1}\boldsymbol{k} \end{bmatrix}\begin{bmatrix} \hat{h} \\ \hat{a} \end{bmatrix}=\begin{bmatrix} \boldsymbol{X}'y \\ \boldsymbol{Z}'y \end{bmatrix} \tag{18-4}$$

式中：$\boldsymbol{A}^{-1}$ 为 $\boldsymbol{A}$ 的逆矩阵；

$\boldsymbol{X}'$为 $\boldsymbol{X}$ 的转置矩阵；

$\boldsymbol{Z}'$为 $\boldsymbol{Z}$ 的转置矩阵。

$$k=\frac{\sigma_e^2}{\sigma_a^2}=\frac{\sigma_y^2-\sigma_a^2}{\sigma_a^2}=\frac{1-\sigma_a^2/\sigma_y^2}{\sigma_a^2/\sigma_y^2}=\frac{1-h^2}{h^2}$$

其中，$h^2=\sigma_a^2/\sigma_y^2$，为产奶量性状的遗传力。

将式（18-4）中的 $\boldsymbol{A}^{-1}\boldsymbol{k}$ 部分去掉，即变为通常的最小二乘方程组的形式。加入 $\boldsymbol{A}^{-1}$ 后，使得待估计育种值的奶牛间的遗传关系更加丰富了，即在估计个体育种值时，不仅可以利用奶牛自己的产奶量信息，还可以利用与该个体有血缘关系的其他奶牛的产奶量信息，从而大大提高了育种值估计的准确性。

对式（18-4）求解，可得到各未知效应（固定效应 $\boldsymbol{h}$ 和个体育种值 $\boldsymbol{a}$）的估计值 $\hat{\boldsymbol{h}}$ 和 $\hat{\boldsymbol{a}}$：

$$\begin{bmatrix} \hat{\boldsymbol{h}} \\ \hat{\boldsymbol{a}} \end{bmatrix}=\begin{bmatrix} \boldsymbol{X'X} & \boldsymbol{X'Z} \\ \boldsymbol{Z'X} & \boldsymbol{Z'Z}+\boldsymbol{A}^{-1}k \end{bmatrix}^{-1}\begin{bmatrix} \boldsymbol{X'y} \\ \boldsymbol{Z'y} \end{bmatrix} \tag{18-5}$$

其中，$\begin{bmatrix} X'X & X'Z \\ Z'X & Z'Z+A^{-1}k \end{bmatrix}^{-1}$ 为系数矩阵 $\begin{bmatrix} X'X & X'Z \\ Z'X & Z'Z+A^{-1}k \end{bmatrix}$ 的逆矩阵，也可表示为 $\begin{bmatrix} C^{XX} & C^{XZ} \\ C^{ZX} & C^{ZZ} \end{bmatrix}$。

(三)个体育种值估计的准确度

由式(18-5)得到的估计育种值的准确度可用估计育种值与真实育种值之间的相关系数 $r_{a_i\hat{a}_i}$ 来度量，其计算公式为：

$$r_{a_i\hat{a}_i}=\frac{\mathrm{Cov}(a_i,\hat{a}_i)}{\sigma_{a_i}\sigma_{\hat{a}_i}}=\frac{\sigma_{\hat{a}_i}^2}{\sigma_a\sigma_{\hat{a}_i}}=\frac{\sigma_{\hat{a}_i}}{\sigma_a}=\sqrt{\frac{\sigma_a^2-d_{a_i}\sigma_e^2}{\sigma_a^2}}=\sqrt{1-d_{a_i}\cdot k}$$

式中：d_{a_i} 为 C^{ZZ} 中与奶牛 i 对应的对角线元素，k 为 $\frac{1-h^2}{h^2}$。

估计育种值与真实育种值之间的相关系数 $r_{a_i\hat{a}_i}$ 的平方 $r_{a_i\hat{a}_i}^2$ 称为育种值估计值的可靠性。

(四)举例

为了对单性状无重复观察值时动物模型 BLUP 估计个体育种值的原理及计算方法有进一步理解，这里举一具体例子，设有如下 7 个个体的资料：

牧场	个体	父	母	观测值
1	1	—	—	225
1	2	—	—	200
1	3	1	—	255
2	4	1	2	250
2	5	3	4	198
2	6	1	4	245
2	7	5	6	260

对此资料可建立如下的模型：

$$y_{ij}=h_i+a_j+e_{ij}$$

式中：y_{ij} 为第 i 个牧场中个体 j 的表型观测值(如个体 1 的观测值为 225)；

h_i 为第 i 个牧场对个体 j 的效应($i=1,2$)；

a_j 为第 j 个个体的育种值($i=1,\cdots,7$)；

e_{ij} 为个体 j 在第 i 个牧场的随机误差。

写成矩阵形式为：

$$\boldsymbol{y}=\boldsymbol{Xh}+\boldsymbol{Za}+\boldsymbol{e}$$

式中：$\boldsymbol{y}$ 为 7 个表型观测值构成的向量；

$\boldsymbol{h}$ 为固定环境效应(牧场 1 和 2)构成的向量；

$\boldsymbol{X}$ 为固定环境效应 $\boldsymbol{h}$ 的关联矩阵；

$\boldsymbol{a}$ 为 7 个个体的育种值构成的向量；

$\boldsymbol{Z}$ 为个体育种值向量 $\boldsymbol{a}$ 的关联矩阵，因 $\boldsymbol{a}$ 中的 7 个个体都有观测值，因此 $\boldsymbol{Z}=\boldsymbol{I}$；

$\boldsymbol{e}$ 为随机残差效应向量。

矩阵的具体形式为：

$$\begin{bmatrix}225\\200\\255\\250\\198\\245\\235\end{bmatrix}=\begin{bmatrix}1&0\\1&0\\1&0\\0&1\\0&1\\0&1\\0&1\end{bmatrix}\begin{bmatrix}h_1\\h_2\end{bmatrix}+\begin{bmatrix}1&0&0&0&0&0&0\\0&1&0&0&0&0&0\\0&0&1&0&0&0&0\\0&0&0&1&0&0&0\\0&0&0&0&1&0&0\\0&0&0&0&0&1&0\\0&0&0&0&0&0&1\end{bmatrix}\begin{bmatrix}a_1\\a_2\\a_3\\a_4\\a_5\\a_6\\a_7\end{bmatrix}+\begin{bmatrix}e_{11}\\e_{12}\\e_{13}\\e_{24}\\e_{25}\\e_{26}\\e_{27}\end{bmatrix}$$

与上式对应的混合模型方程组为：

$$\begin{bmatrix}\boldsymbol{X}'\boldsymbol{X}&\boldsymbol{X}'\boldsymbol{Z}\\\boldsymbol{Z}'\boldsymbol{X}&\boldsymbol{Z}'\boldsymbol{Z}+\boldsymbol{A}^{-1}k\end{bmatrix}\begin{bmatrix}\hat{\boldsymbol{h}}\\\hat{\boldsymbol{a}}\end{bmatrix}=\begin{bmatrix}\boldsymbol{X}'\boldsymbol{y}\\\boldsymbol{Z}'\boldsymbol{y}\end{bmatrix}$$

其中：

$$\boldsymbol{X}'\boldsymbol{X}=\begin{bmatrix}1&1&1&0&0&0&0\\0&0&0&1&1&1&1\end{bmatrix}\begin{bmatrix}1&0\\1&0\\1&0\\0&1\\0&1\\0&1\\0&1\end{bmatrix}=\begin{bmatrix}3&0\\0&4\end{bmatrix}$$

$$\boldsymbol{X}'\boldsymbol{Z}=\boldsymbol{X}'\boldsymbol{I}=\begin{bmatrix}1&1&1&0&0&0&0\\0&0&0&1&1&1&1\end{bmatrix}$$

$$\boldsymbol{Z}'\boldsymbol{X}=\boldsymbol{I}'\boldsymbol{X}=\boldsymbol{X}=\begin{bmatrix}1&0\\1&0\\1&0\\0&1\\0&1\\0&1\\0&1\end{bmatrix}$$

$$\boldsymbol{Z}'\boldsymbol{Z}=\boldsymbol{I}'\boldsymbol{I}=\begin{bmatrix}1&&&&&&\\&1&&&&&\\&&1&&&&\\&&&1&&&\\&&&&1&&\\&&&&&1&\\&&&&&&1\end{bmatrix}\begin{bmatrix}1&&&&&&\\&1&&&&&\\&&1&&&&\\&&&1&&&\\&&&&1&&\\&&&&&1&\\&&&&&&1\end{bmatrix}=\begin{bmatrix}1&&&&&&\\&1&&&&&\\&&1&&&&\\&&&1&&&\\&&&&1&&\\&&&&&1&\\&&&&&&1\end{bmatrix}$$

$$
\boldsymbol{X}'\boldsymbol{y}=\begin{bmatrix}1&1&1&0&0&0&0\\0&0&0&1&1&1&1\end{bmatrix}\begin{bmatrix}225\\200\\255\\250\\198\\245\\260\end{bmatrix}=\begin{bmatrix}680\\953\end{bmatrix}
$$

$$
\boldsymbol{Z}'\boldsymbol{y}=\begin{bmatrix}1&&&&&&\\&1&&&&&\\&&1&&&&\\&&&1&&&\\&&&&1&&\\&&&&&1&\\&&&&&&1\end{bmatrix}\begin{bmatrix}225\\200\\255\\250\\198\\245\\260\end{bmatrix}=\begin{bmatrix}225\\200\\255\\250\\198\\245\\260\end{bmatrix}
$$

根据式(18-3)可得加性遗传相关矩阵 **A** 如下：

$$
\boldsymbol{A}=\begin{bmatrix}1&0&0.5&0.5&0.5&0.75&0.625\\&1&0&0.5&0.25&0.25&0.25\\&&1&0.25&0.625&0.375&0.5\\&&&1&0.625&0.75&0.687\,5\\&&&&1.125&0.562\,5&0.843\,75\\&\text{对称}&&&&1.25&0.906\,25\\&&&&&&1.281\,25\end{bmatrix}
$$

利用 EXCEL、SAS 等软件对 **A** 求逆矩阵，得 $\boldsymbol{A}^{-1}$：

$$
\boldsymbol{A}^{-1}=\begin{bmatrix}2.333\,3&0.5&-0.666\,7&-0.5&-0.000\,1&-1.000\,1&0.000\,1\\&1.5&0&-1&0&0&0\\&&1.833\,3&0.5&-1.000\,1&-0.000\,1&0.000\,1\\&&&3&-1.000\,1&-1.000\,1&0.000\,2\\&&&&2.615\,7&0.615\,7&-1.231\,2\\&\text{对称}&&&&2.615\,7&-1.231\,2\\&&&&&&2.461\,8\end{bmatrix}
$$

设本例中所考察性状的遗传力 $h^2=0.333\,33$，则：

$$
k=\frac{1-h^2}{h^2}=\frac{1-0.333\,3}{0.333\,3}=2
$$

于是，参考式(18-4)，可得本例的混合模型方程组：

$$\begin{bmatrix} 3 & 0 & 1 & 1 & 1 & 0 & 0 & 0 & 0 \\ & 4 & 0 & 0 & 0 & 1 & 1 & 1 & 1 \\ & & 5.6667 & 1 & -1.3333 & -1 & -0.0001 & -2.0001 & 0.0002 \\ & & & 4 & 0 & -1 & 0 & 0 & 0 \\ & & & & 4.6667 & 1 & -2.0001 & -0.0001 & 0.0002 \\ & & & & & 7 & -2.0002 & -2.0002 & 0.0005 \\ & & & & & & 6.2314 & 1.2314 & -2.4623 \\ & & \text{对称} & & & & & 6.2314 & -2.4623 \\ & & & & & & & & 5.9237 \end{bmatrix} \begin{bmatrix} \hat{h}_1 \\ \hat{h}_2 \\ \hat{a}_1 \\ \hat{a}_2 \\ \hat{a}_3 \\ \hat{a}_4 \\ \hat{a}_5 \\ \hat{a}_6 \\ \hat{a}_7 \end{bmatrix} = \begin{bmatrix} 680 \\ 953 \\ 225 \\ 200 \\ 255 \\ 250 \\ 198 \\ 245 \\ 260 \end{bmatrix}$$

对混合模型方程组求解为：

$$\begin{bmatrix} \hat{h}_1 \\ \hat{h}_2 \\ \hat{a}_1 \\ \hat{a}_2 \\ \hat{a}_3 \\ \hat{a}_4 \\ \hat{a}_5 \\ \hat{a}_6 \\ \hat{a}_7 \end{bmatrix} = \begin{bmatrix} 225.4392 \\ 236.2503 \\ 4.7684 \\ -7.3651 \\ 6.2792 \\ 0.3737 \\ -3.1207 \\ 5.6750 \\ 5.0706 \end{bmatrix}$$

根据 7 个个体的育种值估计结果，排列优劣名次顺序结果为：3 号>6 号>7 号>1 号>4 号>5 号>2 号。

五、作业与思考

(1)什么是动物模型 BLUP？它有哪些优越性？

(2)单性状无重复资料动物模型 BLUP 估计个体育种值方法的原理。

(3)现有如下资料：

牧场	个体	父亲	母亲	观察值
1	2	—	—	100
1	3	1	—	110
2	4	1	2	105
2	5	1	4	115
2	6	3	4	98
2	7	3	4	103

请：

①为此资料设计一个模型。

②写出个体间加性遗传相关矩阵 $\mathbf{A}$ 及其逆矩阵 $\mathbf{A}^{-1}$。

③写出混合模型方程组。

④利用 EXCEL 等软件计算个体 1～7 号的估计育种值；并进行优劣名次排序。

实验十九　单性状重复力模型 BLUP 育种值估计

畜禽育种工作中，某些性状会重复出现，有多个观察值，如猪的产仔数性状，有第一胎产仔数、第二胎产仔数等，又如羊的剪毛量性状，有第一次剪毛量、第二次剪毛量等。为了尽可能多地利用现有的信息资料，提高育种值估计的准确性，需要对这种有重复观察值的性状进行育种值估计。

这里我们针对单个性状有重复观察值，即一个个体在所考察性状上有 2 个以上观察值，利用重复力模型进行 BLUP 育种值估计的原理及方法作一介绍。

一、实验目的

熟悉并掌握单性状有重复观察值时动物模型 BLUP 育种值估计的基本原理和方法。

二、实验内容

(1)模型。

(2)混合模型方程组及其求解。

三、实验仪器与材料

(1)计算机。

(2)遗传评估软件。

四、实验原理与方法

这里先以猪的产仔数性状为例，介绍有重复观察值时动物模型 BLUP 的模型及混合模型方程组(MME)的基本原理及计算方法，然后再举一个实际例子具体说明。

(一) 模型

假设我们要对猪的产仔数性状进行育种值估计，如果猪群中母猪个体有一胎以上产仔数记录时，当不考虑显性效应和上位效应，那么，每头母猪每胎产仔数的观测值可用如下的模型加以描述：

$$y_{ijk}=h_i+l_j+a_k+p_k+e_{ijk} \tag{19-1}$$

式中：y_{ijk} 为在第 i 个牧场-年度，第 k 头母猪的第 j 胎产仔数；

h_i 为第 i 个牧场-年度的效应，是固定环境效应；

l_i 为第 j 个胎次的效应，是固定环境效应；

a_k 为第 k 头母猪的加性遗传效应(育种值)，是随机遗传效应；

p_k 为第 k 头母猪的随机永久性环境效应，该项是有重复观察值与无重复观察值剖分组分的区别所在；

e_{ij} 为第 k 头母猪第 j 胎产仔数在第 i 个牧场-年度的随机误差，主要由随机环境效应所致。

假如我们有 n 头母猪 m 胎的产仔数观测值，现要对 s 头母猪($s \geqslant n$)的产仔数进行育种值估计，则为了简便表达 n 头母猪第 m 胎的产仔数观测值，同时也为了便于编制计算机程序，通常将模型表达式(19-1)用矩阵形式表示：

$$\boldsymbol{y}=\boldsymbol{X}\boldsymbol{h}+\boldsymbol{Z}_1\boldsymbol{a}+\boldsymbol{Z}_2\boldsymbol{p}+\boldsymbol{e} \tag{19-2}$$

式中：$\boldsymbol{y}$ 为表型观测值向量，即 n 头母猪第 m 胎的产仔数；

$\boldsymbol{h}$ 为为固定环境效应向量，如牧场-年度；

$\boldsymbol{X}$ 为固定环境效应 $\boldsymbol{h}$ 的关联矩阵；

$\boldsymbol{a}$ 为待进行育种值估计的 s 头母猪的随机遗传效应向量，即育种值向量；

$\boldsymbol{Z}_1$ 为随机遗传效应 $\boldsymbol{a}$ 的关联矩阵；

$\boldsymbol{Z}_2$ 为随机环境效应 $\boldsymbol{p}$ 的关联矩阵；

$\boldsymbol{e}$ 为随机残差效应向量。

在这个模型中，$\boldsymbol{h}$ 为固定效应，$\boldsymbol{a}$、$\boldsymbol{p}$ 和 $\boldsymbol{e}$ 为随机效应。

随机效应 $\boldsymbol{a}$、$\boldsymbol{p}$ 和 $\boldsymbol{e}$ 的数学期望为：

$$E(\boldsymbol{a})=E(\boldsymbol{p})=E(\boldsymbol{e})=0$$

随机效应 $\boldsymbol{a}$、$\boldsymbol{p}$ 和 $\boldsymbol{e}$ 的协方差矩阵分别为：

$$\mathrm{Var}(\boldsymbol{a})=\boldsymbol{G}=\sigma_a^2\cdot\boldsymbol{A}$$
$$\mathrm{Var}(\boldsymbol{p})=\sigma_p^2\cdot\boldsymbol{I}$$
$$\mathrm{Var}(\boldsymbol{e})=\boldsymbol{R}=\sigma_e^2\cdot\boldsymbol{I}$$

式中：σ_a^2 为加性遗传方差；σ_p^2 为随机环境效应方差；σ_e^2 为随机残差方差；$\boldsymbol{A}$ 为 s 头母猪间的加性遗传相关矩阵，矩阵 $\boldsymbol{A}$ 具体表示为：

$$\boldsymbol{A}=\begin{bmatrix} a_{11} & a_{12} & \cdots & a_{1n} \\ & a_{22} & \cdots & a_{2n} \\ & & \cdots & a_{3n} \\ \text{对称} & & & a_{nn} \end{bmatrix} \tag{19-3}$$

其中，a_{ij} 为母猪个体 i 与母猪个体 j 之间的加性遗传相关，即分子亲缘相关系数，是 s 头母猪间的亲缘相关系数计算公式中的分子部分。

(二)混合模型方差组(MME)

若令 $\boldsymbol{Z}=(\boldsymbol{Z}_1\quad \boldsymbol{Z}_2)$，$\boldsymbol{u}=\begin{bmatrix}\boldsymbol{a}\\ \boldsymbol{p}\end{bmatrix}$，$Var(\boldsymbol{u})=\boldsymbol{G}=\begin{bmatrix}\boldsymbol{A}\sigma_a^2 & \boldsymbol{0}\\ \boldsymbol{0} & \boldsymbol{I}\sigma_p^2\end{bmatrix}$

对式(19-2)的模型，则可建立与之相应的混合模型方程组：

$$\begin{bmatrix} \boldsymbol{X}'\boldsymbol{X} & \boldsymbol{X}'\boldsymbol{Z}_1 & \boldsymbol{X}'\boldsymbol{Z}_2 \\ \boldsymbol{Z}'_1\boldsymbol{X} & \boldsymbol{Z}'_1\boldsymbol{Z}_1+\boldsymbol{A}^{-1}k_1 & \boldsymbol{Z}'_1\boldsymbol{Z}_2 \\ \boldsymbol{Z}_2\boldsymbol{X} & \boldsymbol{Z}'_2\boldsymbol{Z}_1 & \boldsymbol{Z}'_2\boldsymbol{Z}_2+\boldsymbol{I}k_2 \end{bmatrix} \begin{bmatrix} \hat{\boldsymbol{h}} \\ \hat{\boldsymbol{a}} \\ \hat{\boldsymbol{p}} \end{bmatrix} = \begin{bmatrix} \boldsymbol{X}'\boldsymbol{y} \\ \boldsymbol{Z}'_1\boldsymbol{y} \\ \boldsymbol{Z}'_2\boldsymbol{y} \end{bmatrix} \tag{19-4}$$

式中：$\boldsymbol{A}^{-1}$ 为加性遗传相关矩阵 $\boldsymbol{A}$ 的逆矩阵；

$\boldsymbol{X}'$为 $\boldsymbol{X}$ 的转置矩阵；

$\boldsymbol{Z}'_1$ 为 $\boldsymbol{Z}_1$的转置矩阵；

$\boldsymbol{Z}'_2$ 为 $\boldsymbol{Z}_2$的转置矩阵。

$$k_1=\frac{\sigma_e^2}{\sigma_a^2}=\frac{1-r}{h^2},k_2=\frac{\sigma_e^2}{\sigma_p^2}=\frac{1-r}{r-h^2}$$

其中，$h^2=\sigma_a^2/\sigma_y^2$，为产仔数性状的遗传力；$r=(\sigma_a^2+\sigma_p^2)/\sigma_y^2$，为产仔数性状的重复力。

对式(19-4)求解，可得到各未知效应(固定效应 $\boldsymbol{h}$、随机环境效应 $\boldsymbol{p}$ 和个体育种值 $\boldsymbol{a}$)的估计值 $\hat{\boldsymbol{h}}$、$\hat{\boldsymbol{p}}$和 $\hat{\boldsymbol{a}}$：

$$\begin{bmatrix} \hat{\boldsymbol{h}} \\ \hat{\boldsymbol{a}} \\ \hat{\boldsymbol{p}} \end{bmatrix} = \begin{bmatrix} \boldsymbol{X}'\boldsymbol{X} & \boldsymbol{X}'\boldsymbol{Z}_1 & \boldsymbol{X}'\boldsymbol{Z}_2 \\ \boldsymbol{Z}'_1\boldsymbol{X} & \boldsymbol{Z}'_1\boldsymbol{Z}_1+\boldsymbol{A}^{-1}k_1 & \boldsymbol{Z}'_1\boldsymbol{Z}_2 \\ \boldsymbol{Z}_2\boldsymbol{X} & \boldsymbol{Z}'_2\boldsymbol{Z}_1 & \boldsymbol{Z}'_2\boldsymbol{Z}_2+\boldsymbol{I}k_2 \end{bmatrix}^{-1} \begin{bmatrix} \boldsymbol{X}'\boldsymbol{y} \\ \boldsymbol{Z}'_1\boldsymbol{y} \\ \boldsymbol{Z}'_2\boldsymbol{y} \end{bmatrix} \tag{19-5}$$

其中，$\begin{bmatrix} \boldsymbol{X}'\boldsymbol{X} & \boldsymbol{X}'\boldsymbol{Z}_1 & \boldsymbol{X}'\boldsymbol{Z}_2 \\ \boldsymbol{Z}'_1\boldsymbol{X} & \boldsymbol{Z}'_1\boldsymbol{Z}_1+\boldsymbol{A}^{-1}k_1 & \boldsymbol{Z}'_1\boldsymbol{Z}_2 \\ \boldsymbol{Z}_2\boldsymbol{X} & \boldsymbol{Z}'_2\boldsymbol{Z}_1 & \boldsymbol{Z}'_2\boldsymbol{Z}_2+\boldsymbol{I}k_2 \end{bmatrix}^{-1}$ 为系数矩阵 $\begin{bmatrix} \boldsymbol{X}'\boldsymbol{X} & \boldsymbol{X}'\boldsymbol{Z}_1 & \boldsymbol{X}'\boldsymbol{Z}_2 \\ \boldsymbol{Z}'_1\boldsymbol{X} & \boldsymbol{Z}'_1\boldsymbol{Z}_1+\boldsymbol{A}^{-1}k_1 & \boldsymbol{Z}'_1\boldsymbol{Z}_2 \\ \boldsymbol{Z}_2\boldsymbol{X} & \boldsymbol{Z}'_2\boldsymbol{Z}_1 & \boldsymbol{Z}'_2\boldsymbol{Z}_2+\boldsymbol{I}k_2 \end{bmatrix}$ 的逆矩阵。

(三)举例

为了对单性状有重复观察值时的动物模型 BLUP 估计个体育种值的原理及计算方法有进一步理解，这里举一具体例子，设有 6 头母猪的窝产仔数资料：

母猪	父亲	母亲	猪场	产仔年份	胎次	产仔数	场-年
3	—	—	1	1	2	10	1
4	1	—	1	1	1	6	1
			1	2	2	7	2
5	2	3	2	1	1	8	3
			2	2	2	13	4
6	—	3	2	1	1	12	3
			1	2	2	10	2
7	2	6	2	2	1	10	4
8	1	3	1	2	1	5	2

现欲估计 6 头母猪的产仔数的育种值。在这个资料中，影响产仔数的系统环境效应有 3 个：猪场、年份和胎次。在猪场和年份之间通常会有互作效应，因而可将它们合并成一个效应，即场-年效应，它被列在上表中的最后一列。

设已知产仔数的遗传力 $h^2=0.10$，重复力 $r=0.20$。对此资料可建立如下的模型：

$$y_{ijk}=h_i+l_j+a_k+p_k+e_{ijk}$$

式中：y_{ijk} 为在第 i 个场-年，第 k 头母猪的第 j 胎产仔数；

h_i 为第 i 个牧场-年度的效应（$i=1,2,3,4$）；

l_i 为第 j 个胎次的效应（$j=1,2$）；

a_k 为第 k 头母猪的育种值（$k=3,\cdots,8$）；

p_k 为第 k 头母猪的随机永久性环境效应（$k=3,\cdots,8$）；

e_{ij} 为第 k 头母猪第 j 胎产仔数在第 i 个场-年的随机误差。

写成矩阵形式为：

$$\boldsymbol{y}=\boldsymbol{Xh}+\boldsymbol{Z}_1\boldsymbol{a}+\boldsymbol{Z}_2\boldsymbol{p}+\boldsymbol{e}$$

式中：$\boldsymbol{y}$ 为 9 个产仔数观测值构成的向量；

$\boldsymbol{h}$ 为场-年固定环境效应向量；

$\boldsymbol{X}$ 为固定环境效应 $\boldsymbol{h}$ 的关联矩阵；

$\boldsymbol{a}$ 为 8 头母猪的育种值构成的向量；

$\boldsymbol{Z}_1$ 为随机遗传效应 $\boldsymbol{a}$ 的关联矩阵；

$\boldsymbol{Z}_2$ 为随机环境效应 $\boldsymbol{p}$ 的关联矩阵；

$\boldsymbol{e}$ 为随机残差效应向量。

矩阵的具体形式为：

$$\begin{bmatrix}10\\6\\7\\8\\13\\12\\10\\10\\5\end{bmatrix}=\begin{bmatrix}1&0&0&0&0&1\\1&0&0&0&1&0\\0&1&0&0&0&1\\0&0&1&0&1&0\\0&0&0&1&0&1\\0&0&1&0&1&0\\0&1&0&0&0&1\\0&0&0&1&1&0\\0&1&0&0&1&0\end{bmatrix}\begin{bmatrix}h_1\\h_2\\h_3\\h_4\\l_1\\l_2\end{bmatrix}+\begin{bmatrix}0&0&1&0&0&0&0&0\\0&0&0&1&0&0&0&0\\0&0&0&1&0&0&0&0\\0&0&0&0&1&0&0&0\\0&0&0&0&1&0&0&0\\0&0&0&0&0&1&0&0\\0&0&0&0&0&1&0&0\\0&0&0&0&0&0&1&0\\0&0&0&0&0&0&0&1\end{bmatrix}\begin{bmatrix}a_1\\a_2\\a_3\\a_4\\a_5\\a_6\\a_7\\a_8\end{bmatrix}+$$

$$\begin{bmatrix}1&0&0&0&0&0\\0&1&0&0&0&0\\0&1&0&0&0&0\\0&0&1&0&0&0\\0&0&1&0&0&0\\0&0&0&1&0&0\\0&0&0&1&0&0\\0&0&0&0&1&0\\0&0&0&0&0&1\end{bmatrix}\begin{bmatrix}p_3\\p_4\\p_5\\p_6\\p_7\\p_8\end{bmatrix}+\begin{bmatrix}e_{ijk}\end{bmatrix}$$

即：$\boldsymbol{y}=\boldsymbol{X}\boldsymbol{b}+\boldsymbol{Z}_1\boldsymbol{a}+\boldsymbol{Z}_2\boldsymbol{p}+\boldsymbol{e}$

与上式对应的混合模型方程组为：

$$\begin{bmatrix} \boldsymbol{X}'\boldsymbol{X} & \boldsymbol{X}'\boldsymbol{Z}_1 & \boldsymbol{X}'\boldsymbol{Z}_2 \\ \boldsymbol{Z}'_1\boldsymbol{X} & \boldsymbol{Z}'_1\boldsymbol{Z}_1+\boldsymbol{A}^{-1}k_1 & \boldsymbol{Z}'_1\boldsymbol{Z}_2 \\ \boldsymbol{Z}_2\boldsymbol{X} & \boldsymbol{Z}'_2\boldsymbol{Z}_1 & \boldsymbol{Z}'_2\boldsymbol{Z}_2+\boldsymbol{I}k_2 \end{bmatrix} \begin{bmatrix} \hat{\boldsymbol{h}} \\ \hat{\boldsymbol{a}} \\ \hat{\boldsymbol{p}} \end{bmatrix} = \begin{bmatrix} \boldsymbol{X}'\boldsymbol{y} \\ \boldsymbol{Z}'_1\boldsymbol{y} \\ \boldsymbol{Z}'_2\boldsymbol{y} \end{bmatrix}$$

其中：$k_1=(1-r)/h^2=8, k_2=(1-r)/(r-h^2)=8$

8 头母猪间的加性遗传相关矩阵 **A** 为：

$$\boldsymbol{A}=\begin{bmatrix} 1 & 0 & 0 & 0.5 & 0 & 0 & 0 & 0.5 \\ & 1 & 0 & 0 & 0.5 & 0 & 0.5 & 0 \\ & & 1 & 0 & 0.5 & 0.5 & 0.25 & 0.5 \\ & & & 1 & 0 & 0 & 0 & 0.25 \\ & & & & 1 & 0.25 & 0.25 & 0.25 \\ & & \text{对称} & & & 1 & 0.5 & 0.25 \\ & & & & & & 1 & 0.125 \\ & & & & & & & 1 \end{bmatrix}$$

A 的逆矩阵为：

$$\boldsymbol{A}^{-1}=\begin{bmatrix} 1.833 & 0.000 & 0.500 & -0.667 & 0.000 & 0.000 & 0.000 & -1.000 \\ & 2.000 & 0.500 & 0.000 & -1.000 & 0.500 & -1.000 & 0.000 \\ & & 2.333 & 0.000 & -1.000 & -0.667 & 0.000 & -1.000 \\ & & & 1.333 & 0.000 & 0.000 & 0.000 & 0.000 \\ & & & & 2.000 & 0.000 & 0.000 & 0.000 \\ & \text{对称} & & & & 1.833 & -1.000 & 0.000 \\ & & & & & & 2.000 & 0.000 \\ & & & & & & & 2.000 \end{bmatrix}$$

那么，混合模型方程组中系数矩阵的各项分别为：

$$\boldsymbol{X}'\boldsymbol{X}=\begin{bmatrix} 1 & 1 & 0 & 0 & 0 & 0 & 0 & 0 & 0 \\ 0 & 0 & 1 & 0 & 0 & 0 & 1 & 0 & 1 \\ 0 & 0 & 0 & 1 & 0 & 1 & 0 & 0 & 0 \\ 0 & 0 & 0 & 0 & 1 & 0 & 0 & 1 & 0 \\ 0 & 1 & 0 & 1 & 0 & 1 & 0 & 1 & 1 \\ 1 & 0 & 1 & 0 & 1 & 0 & 1 & 0 & 0 \end{bmatrix} \begin{bmatrix} 1 & 0 & 0 & 0 & 0 & 1 \\ 1 & 0 & 0 & 0 & 1 & 0 \\ 0 & 1 & 0 & 0 & 0 & 1 \\ 0 & 0 & 1 & 0 & 1 & 0 \\ 0 & 0 & 0 & 1 & 0 & 1 \\ 0 & 0 & 1 & 0 & 1 & 0 \\ 0 & 1 & 0 & 0 & 0 & 1 \\ 0 & 0 & 0 & 1 & 1 & 0 \\ 0 & 1 & 0 & 0 & 1 & 0 \end{bmatrix} = \begin{bmatrix} 2 & 0 & 0 & 0 & 1 & 1 \\ & 3 & 0 & 0 & 1 & 2 \\ & & 2 & 0 & 2 & 0 \\ & & & 2 & 1 & 1 \\ & \text{对称} & & & 5 & 0 \\ & & & & & 4 \end{bmatrix}$$

$$
\boldsymbol{X}'\boldsymbol{Z}_1=\begin{bmatrix}1&1&0&0&0&0&0&0&0\\0&0&1&0&0&0&1&0&1\\0&0&0&1&0&1&0&0&0\\0&0&0&0&1&0&0&1&0\\0&1&0&1&0&1&0&1&1\\1&0&1&0&1&0&1&0&0\end{bmatrix}\begin{bmatrix}0&0&1&0&0&0&0&0\\0&0&0&1&0&0&0&0\\0&0&0&1&0&0&0&0\\0&0&0&0&1&0&0&0\\0&0&0&0&1&0&0&0\\0&0&0&0&0&1&0&0\\0&0&0&0&0&1&0&0\\0&0&0&0&0&0&1&0\\0&0&0&0&0&0&0&1\end{bmatrix}=
$$

$$
\begin{bmatrix}0&0&1&1&0&0&0&0\\0&0&0&1&0&1&0&1\\0&0&0&0&1&1&0&0\\0&0&0&0&1&0&1&0\\0&0&0&1&1&1&1&1\\0&0&1&1&1&1&0&0\end{bmatrix}
$$

$$
\boldsymbol{X}'\boldsymbol{Z}_2=\begin{bmatrix}1&1&0&0&0&0&0&0&0\\0&0&1&0&0&0&1&0&1\\0&0&0&1&0&1&0&0&0\\0&0&0&0&1&0&0&1&0\\0&1&0&1&0&1&0&1&1\\1&0&1&0&1&0&1&0&0\end{bmatrix}\begin{bmatrix}0&0&1&0&0&0&0&0\\0&0&0&1&0&0&0&0\\0&0&0&1&0&0&0&0\\0&0&0&0&1&0&0&0\\0&0&0&0&1&0&0&0\\0&0&0&0&0&1&0&0\\0&0&0&0&0&1&0&0\\0&0&0&0&0&0&1&0\\0&0&0&0&0&0&0&1\end{bmatrix}=\begin{bmatrix}1&1&0&0&0&0\\0&1&0&1&0&1\\0&0&0&1&0&0\\0&0&0&0&1&0\\0&1&1&1&1&1\\1&1&1&1&0&0\end{bmatrix}
$$

$$
\boldsymbol{Z}'_1\boldsymbol{X}=(\boldsymbol{X}'\boldsymbol{Z}_1)'
$$

$$
\boldsymbol{Z}'_1\boldsymbol{Z}_1+\boldsymbol{A}^{-1}k_1=\begin{bmatrix}0&0&0&0&0&0&0&0&0\\0&0&0&0&0&0&0&0&0\\1&0&0&0&0&0&0&0&0\\0&1&1&0&0&0&0&0&0\\0&0&0&1&1&0&0&0&0\\0&0&0&0&0&1&1&0&0\\0&0&0&0&0&0&0&1&0\\0&0&0&0&0&0&0&0&1\end{bmatrix}\begin{bmatrix}0&0&1&0&0&0&0&0\\0&0&0&1&0&0&0&0\\0&0&0&1&0&0&0&0\\0&0&0&0&1&0&0&0\\0&0&0&0&1&0&0&0\\0&0&0&0&0&1&0&0\\0&0&0&0&0&1&0&0\\0&0&0&0&0&0&1&0\\0&0&0&0&0&0&0&1\end{bmatrix}
$$

$$
+\begin{bmatrix}
1.833 & 0.000 & 0.500 & -0.667 & 0.000 & 0.000 & 0.000 & -1.000 \\
 & 2.000 & 0.500 & 0.000 & -1.000 & 0.500 & -1.000 & 0.000 \\
 & & 2.333 & 0.000 & -1.000 & -0.667 & 0.000 & -1.000 \\
 & & & 1.333 & 0.000 & 0.000 & 0.000 & 0.000 \\
 & & & & 2.000 & 0.000 & 0.000 & 0.000 \\
 & \text{对称} & & & & 1.833 & -1.000 & 0.000 \\
 & & & & & & 2.000 & 0.000 \\
 & & & & & & & 2.000
\end{bmatrix}\cdot 8
$$

$$
=\begin{bmatrix}
14.67 & 0 & 4 & -5.33 & 0 & 0 & 0 & -8 \\
 & 16 & 4 & 0 & -8 & 4 & -8 & 0 \\
 & & 19.67 & 0 & -8 & -5.33 & 0 & -8 \\
 & & & 12.67 & 0 & 0 & 0 & 0 \\
 & & & & 18 & 0 & 0 & 0 \\
 & \text{对称} & & & & 16.67 & -8 & 0 \\
 & & & & & & 17 & 0 \\
 & & & & & & & 17
\end{bmatrix}
$$

$$
\boldsymbol{Z}'_1\boldsymbol{Z}_2=\begin{bmatrix}
0 & 0 & 0 & 0 & 0 & 0 & 0 & 0 & 0 \\
0 & 0 & 0 & 0 & 0 & 0 & 0 & 0 & 0 \\
1 & 0 & 0 & 0 & 0 & 0 & 0 & 0 & 0 \\
0 & 1 & 1 & 0 & 0 & 0 & 0 & 0 & 0 \\
0 & 0 & 0 & 1 & 1 & 0 & 0 & 0 & 0 \\
0 & 0 & 0 & 0 & 0 & 1 & 1 & 0 & 0 \\
0 & 0 & 0 & 0 & 0 & 0 & 0 & 1 & 0 \\
0 & 0 & 0 & 0 & 0 & 0 & 0 & 0 & 1
\end{bmatrix}
\begin{bmatrix}
1 & 0 & 0 & 0 & 0 & 0 \\
0 & 1 & 0 & 0 & 0 & 0 \\
0 & 1 & 0 & 0 & 0 & 0 \\
0 & 0 & 1 & 0 & 0 & 0 \\
0 & 0 & 1 & 0 & 0 & 0 \\
0 & 0 & 0 & 1 & 0 & 0 \\
0 & 0 & 0 & 1 & 0 & 0 \\
0 & 0 & 0 & 0 & 1 & 0 \\
0 & 0 & 0 & 0 & 0 & 1
\end{bmatrix}=
\begin{bmatrix}
0 & 0 & 0 & 0 & 0 & 0 \\
0 & 0 & 0 & 0 & 0 & 0 \\
1 & 0 & 0 & 0 & 0 & 0 \\
0 & 2 & 0 & 0 & 0 & 0 \\
0 & 0 & 2 & 0 & 0 & 0 \\
0 & 0 & 0 & 2 & 0 & 0 \\
0 & 0 & 0 & 0 & 1 & 0 \\
0 & 0 & 0 & 0 & 0 & 1
\end{bmatrix}
$$

$\boldsymbol{Z}'_2\boldsymbol{X}=(\boldsymbol{X}'\boldsymbol{Z}_2)'$；$\boldsymbol{Z}'_2\boldsymbol{Z}_1=(\boldsymbol{Z}'_1\boldsymbol{Z}_2)'$

$$
\boldsymbol{Z}'_2\boldsymbol{Z}_2+\boldsymbol{I}k_2=\begin{bmatrix}
1 & 0 & 0 & 0 & 0 & 0 & 0 & 0 & 0 \\
0 & 1 & 1 & 0 & 0 & 0 & 0 & 0 & 0 \\
0 & 0 & 0 & 1 & 1 & 0 & 0 & 0 & 0 \\
0 & 0 & 0 & 0 & 0 & 1 & 1 & 0 & 0 \\
0 & 0 & 0 & 0 & 0 & 0 & 0 & 1 & 0 \\
0 & 0 & 0 & 0 & 0 & 0 & 0 & 0 & 1
\end{bmatrix}
\begin{bmatrix}
1 & 0 & 0 & 0 & 0 & 0 \\
0 & 1 & 0 & 0 & 0 & 0 \\
0 & 1 & 0 & 0 & 0 & 0 \\
0 & 0 & 1 & 0 & 0 & 0 \\
0 & 0 & 1 & 0 & 0 & 0 \\
0 & 0 & 0 & 1 & 0 & 0 \\
0 & 0 & 0 & 1 & 0 & 0 \\
0 & 0 & 0 & 0 & 1 & 0 \\
0 & 0 & 0 & 0 & 0 & 1
\end{bmatrix}
$$

$$+\begin{bmatrix}1&&&&&\\&1&&&&\\&&1&&&\\&&&1&&\\&&&&1&\\&&&&&1\end{bmatrix}\cdot 8=\begin{bmatrix}9&0&0&0&0&0\\&10&0&0&0&0\\&&10&0&0&0\\&&&10&0&0\\&&&&9&0\\&&&&&9\end{bmatrix}$$

混合模型方程组的右手项各项分别为：

$$\boldsymbol{X}'\boldsymbol{y}=\begin{bmatrix}1&1&0&0&0&0&0&0&0\\0&0&1&0&0&0&1&0&1\\0&0&0&1&0&1&0&0&0\\0&0&0&0&1&0&0&1&0\\0&1&0&1&0&1&0&1&1\\1&0&1&0&1&0&1&0&0\end{bmatrix}\begin{bmatrix}10\\6\\7\\8\\13\\12\\10\\10\\5\end{bmatrix}=\begin{bmatrix}16\\22\\20\\23\\41\\40\end{bmatrix}$$

$$\boldsymbol{Z}'_1\boldsymbol{y}=\begin{bmatrix}0&0&0&0&0&0&0&0&0\\0&0&0&0&0&0&0&0&0\\1&0&0&0&0&0&0&0&0\\0&1&1&0&0&0&0&0&0\\0&0&0&1&1&0&0&0&0\\0&0&0&0&0&1&1&0&0\\0&0&0&0&0&0&0&1&0\\0&0&0&0&0&0&0&0&1\end{bmatrix}\begin{bmatrix}10\\6\\7\\8\\13\\12\\10\\10\\5\end{bmatrix}=\begin{bmatrix}0\\0\\10\\13\\21\\22\\10\\5\end{bmatrix}$$

$$\boldsymbol{Z}'_2\boldsymbol{y}=\begin{bmatrix}1&0&0&0&0&0&0&0&0\\0&1&1&0&0&0&0&0&0\\0&0&0&1&1&0&0&0&0\\0&0&0&0&0&1&1&0&0\\0&0&0&0&0&0&0&1&0\\0&0&0&0&0&0&0&0&1\end{bmatrix}\begin{bmatrix}10\\6\\7\\8\\13\\12\\10\\10\\5\end{bmatrix}=\begin{bmatrix}10\\13\\21\\22\\10\\5\end{bmatrix}$$

于是,将上面各项写入混合模型方程组,则有:

$$
\begin{array}{cccccccccccccccccccc}
\multicolumn{4}{c}{\text{牧场 } h} & \multicolumn{2}{c}{\text{胎次 } l} & \multicolumn{8}{c}{\text{个体 } a} & \multicolumn{6}{c}{\text{随机永久性环境效应 } p} \\
1 & 2 & 3 & 4 & 1 & 2 & 1 & 2 & 3 & 4 & 5 & 6 & 7 & 8 & 3 & 4 & 5 & 6 & 7 & 8
\end{array}
$$

$$
\left[\begin{array}{cccccc:cccccccc:cccccc}
2 & 0 & 0 & 0 & 1 & 1 & 0 & 0 & 1 & 1 & 0 & 0 & 0 & 0 & 1 & 1 & 0 & 0 & 0 & 0 \\
 & 3 & 0 & 0 & 1 & 2 & 0 & 0 & 0 & 1 & 0 & 1 & 0 & 1 & 0 & 1 & 0 & 1 & 0 & 1 \\
 & & 2 & 0 & 2 & 0 & 0 & 0 & 0 & 0 & 1 & 1 & 0 & 0 & 0 & 0 & 1 & 1 & 0 & 0 \\
 & & & 2 & 1 & 1 & 0 & 0 & 0 & 0 & 1 & 0 & 1 & 0 & 0 & 0 & 1 & 0 & 1 & 0 \\
 & & & & 5 & 0 & 0 & 0 & 0 & 1 & 1 & 1 & 1 & 1 & 0 & 1 & 1 & 1 & 1 & 1 \\
 & & & & & 4 & 0 & 0 & 1 & 1 & 1 & 1 & 0 & 0 & 1 & 1 & 1 & 1 & 0 & 0 \\
\hdashline
 & & & & & & 14.67 & 0 & 4 & -5.33 & 0 & 0 & 0 & -8 & 0 & 0 & 0 & 0 & 0 & 0 \\
 & & & & & & & 16 & 4 & 0 & -8 & 4 & -8 & 0 & 0 & 0 & 0 & 0 & 0 & 0 \\
 & & & & & & & & 19.67 & 0 & -8 & -5.33 & 0 & -8 & 1 & 0 & 0 & 0 & 0 & 0 \\
 & & & & & & & & & 12.67 & 0 & 0 & 0 & 0 & 0 & 2 & 0 & 0 & 0 & 0 \\
 & & & & & & & & & & 18 & 0 & 0 & 0 & 0 & 0 & 2 & 0 & 0 & 0 \\
 & & & & & & & & & & & 16.67 & -8 & 0 & 0 & 0 & 0 & 2 & 0 & 0 \\
 & & & & & & & & & & & & 17 & 0 & 0 & 0 & 0 & 0 & 1 & 0 \\
 & & & & & & & & & & & & & 17 & 0 & 0 & 0 & 0 & 0 & 1 \\
\hdashline
 & & & & & & & & & & & & & & 9 & 0 & 0 & 0 & 0 & 0 \\
 & & & & & & \text{对称} & & & & & & & & & 10 & 0 & 0 & 0 & 0 \\
 & & & & & & & & & & & & & & & & 10 & 0 & 0 & 0 \\
 & & & & & & & & & & & & & & & & & 10 & 0 & 0 \\
 & & & & & & & & & & & & & & & & & & 9 & 0 \\
 & & & & & & & & & & & & & & & & & & & 9
\end{array}\right]
\begin{bmatrix} \hat{h}_1 \\ \hat{h}_2 \\ \hat{h}_3 \\ \hat{h}_4 \\ \hat{l}_1 \\ \hat{l}_2 \\ \hat{a}_1 \\ \hat{a}_2 \\ \hat{a}_3 \\ \hat{a}_4 \\ \hat{a}_5 \\ \hat{a}_6 \\ \hat{a}_7 \\ \hat{a}_8 \\ \hat{p}_3 \\ \hat{p}_4 \\ \hat{p}_5 \\ \hat{p}_6 \\ \hat{p}_7 \\ \hat{p}_8 \end{bmatrix}
=
\begin{bmatrix} 16 \\ 22 \\ 20 \\ 23 \\ 41 \\ 40 \\ 0 \\ 0 \\ 10 \\ 13 \\ 21 \\ 22 \\ 10 \\ 5 \\ 10 \\ 13 \\ 21 \\ 22 \\ 10 \\ 5 \end{bmatrix}
$$

这个混合模型方程组的系数矩阵是不满秩矩阵,它的第 1、2、3、4 行(列)相加等于第 5、6 行(列)相加,因此没有唯一解,而有无穷多个解。为此,采用加约束条件的办法,使系数矩阵成为满秩矩阵,以得到方程组的唯一解。由于在混合模型方程组中系数矩阵中各行(列)之间的线性相关只存在于固定效应对应的行(列)中,因此,一般是对固定效应的解加约束条件,有几个线性相关就加几个约束条件。

在本例中,系数矩阵中与固定效应对应的行(列)中有一个线性相关,故需加入一个约束条件。例如,可令 $\hat{l}_2=0$,这等价于将系数矩阵中与 $\hat{l}_2$ 对应的行和列(第 6 行及第 6 列)消去,同时将方程组的解向量和等式右边的向量中的第 6 个元素也消去,所得混合模型方程组为:

牧场 h（1 2 3 4）　胎次 l（1 2）　个体 a（1 2 3 4 5 6 7 8）　随机永久性环境效应 p（3 4 5 6 7 8）

$$
\left[\begin{array}{cccc c|cccccccc|cccccc}
2 & 0 & 0 & 0 & 1 & 0 & 0 & 1 & 1 & 0 & 0 & 0 & 0 & 1 & 1 & 0 & 0 & 0 & 0 \\
 & 3 & 0 & 0 & 1 & 0 & 0 & 0 & 1 & 0 & 1 & 0 & 1 & 0 & 1 & 0 & 1 & 0 & 1 \\
 & & 2 & 0 & 2 & 0 & 0 & 0 & 0 & 1 & 1 & 0 & 0 & 0 & 0 & 1 & 1 & 0 & 0 \\
 & & & 2 & 1 & 0 & 0 & 0 & 0 & 1 & 0 & 1 & 0 & 0 & 0 & 1 & 0 & 1 & 0 \\
 & & & & 5 & 0 & 0 & 0 & 1 & 1 & 1 & 1 & 1 & 0 & 1 & 1 & 1 & 1 & 1 \\
\hline
 & & & & & 14.67 & 0 & 4 & -5.33 & 0 & 0 & 0 & -8 & 0 & 0 & 0 & 0 & 0 & 0 \\
 & & & & & & 16 & 4 & 0 & -8 & 4 & -8 & 0 & 0 & 0 & 0 & 0 & 0 & 0 \\
 & & & & & & & 19.67 & 0 & -8 & -5.33 & 0 & -8 & 1 & 0 & 0 & 0 & 0 & 0 \\
 & & & & & & & & 12.67 & 0 & 0 & 0 & 0 & 0 & 2 & 0 & 0 & 0 & 0 \\
 & & & & & & & & & 18 & 0 & 0 & 0 & 0 & 0 & 2 & 0 & 0 & 0 \\
 & & & & & & & & & & 16.67 & -8 & 0 & 0 & 0 & 0 & 2 & 0 & 0 \\
 & & & & & & & & & & & 17 & 0 & 0 & 0 & 0 & 0 & 1 & 0 \\
 & & & & & & & & & & & & 17 & 0 & 0 & 0 & 0 & 0 & 1 \\
\hline
 & & & & & & & & & & & & & 9 & 0 & 0 & 0 & 0 & 0 \\
 & & & & & \text{对称} & & & & & & & & & 10 & 0 & 0 & 0 & 0 \\
 & & & & & & & & & & & & & & & 10 & 0 & 0 & 0 \\
 & & & & & & & & & & & & & & & & 10 & 0 & 0 \\
 & & & & & & & & & & & & & & & & & 9 & 0 \\
 & & & & & & & & & & & & & & & & & & 9
\end{array}\right]
\begin{bmatrix} \hat{h}_1 \\ \hat{h}_2 \\ \hat{h}_3 \\ \hat{h}_4 \\ \hat{l}_1 \\ \hat{a}_1 \\ \hat{a}_2 \\ \hat{a}_3 \\ \hat{a}_4 \\ \hat{a}_5 \\ \hat{a}_6 \\ \hat{a}_7 \\ \hat{a}_8 \\ \hat{p}_3 \\ \hat{p}_4 \\ \hat{p}_5 \\ \hat{p}_6 \\ \hat{p}_7 \\ \hat{p}_8 \end{bmatrix}
=
\begin{bmatrix} 16 \\ 22 \\ 20 \\ 23 \\ 41 \\ 0 \\ 0 \\ 10 \\ 13 \\ 21 \\ 22 \\ 10 \\ 5 \\ 10 \\ 13 \\ 21 \\ 22 \\ 10 \\ 5 \end{bmatrix}
$$

这个方程组具有唯一解，其解为：

$\hat{h}_1=9.826\ 3$，$\hat{h}_2=8.374\ 4$，$\hat{h}_3=13.301\ 5$，$\hat{h}_4=13.329\ 0$，$\hat{l}_1=-3.450\ 5$

$\hat{a}_1=-0.069\ 3$，$\hat{a}_2=-0.096\ 7$，$\hat{a}_3=0.077\ 6$，$\hat{a}_4=-0.144\ 3$，$\hat{a}_5=-0.107\ 7$，$\hat{a}_6=0.280\ 9$，$\hat{a}_7=0.093\ 7$，$\hat{a}_8=0.008\ 0$

$\hat{p}_3=0.010\ 7$，$\hat{p}_4=-0.146\ 2$，$\hat{p}_5=-0.196\ 4$，$\hat{p}_7=0.003\ 1$，$\hat{p}_8=0.007\ 6$

注意 $\hat{l}_1$ 的估计值为－3.450 5，这意味着平均来说，第一个胎次要比第二个胎次少产 3.450 头猪。

根据 8 个个体的育种值估计结果，排列优劣名次顺序结果为：6 号＞7 号＞3 号＞8 号＞1 号＞2 号＞5 号＞4 号。

五、作业与思考

（1）比较单性状有重复观察资料与无重复观察资料的动物模型 BLUP 在估计育种值原理与方法方面的异同点。

(2)现有某地区 2 个羊群 5 只绒山羊的净绒量资料(设遗传力=0.27,重复力=0.35):

个体	父亲	母亲	羊群	抓绒年份	净绒量(g)	羊群-年
2	—	—	1	1	122.6	1
3	1	—	1	1	150.8	1
			1	2	180.4	2
4	1	3	2	1	160.1	3
			2	2	190.2	4
5	—	3	2	2	170.2	4

请:①为此资料设计一个模型。

②写出个体间加性遗传相关矩阵 **A** 及其逆矩阵 $\mathbf{A}^{-1}$。

③写出混合模型方程组。

④利用 EXCEL 等软件计算个体 1~5 号的估计育种值,并进行优劣名次排序。

实验二十　多性状动物模型 BLUP 育种值估计

BLUP 方法不仅适用于单个性状的育种值估计，同样适用于多个性状，即采用同一混合模型对多个性状同时进行育种值估计。多性状 BLUP 在估计过程中能够考虑性状间相关，利用更多的信息，同时可校正由于对某些性状进行了选择而产生的偏差，但在计算上难度更大，混合模型方程组变得更加复杂。

一、实验目的

熟悉并掌握多性状动物模型 BLUP 育种值估计的原理、方法和应用。

二、实验内容

(1)模型。
(2)混合模型方程组及其求解。

三、实验仪器与材料

(1)计算机。
(2)遗传评估软件。

四、实验原理与方法

为简单起见，只考虑 2 个性状，分别用 2 个动物模型表示：

$$\boldsymbol{y}_1=\boldsymbol{X}_1\boldsymbol{b}_1+\boldsymbol{Z}_1\boldsymbol{a}_1+\boldsymbol{e}_1,\ \boldsymbol{y}_2=\boldsymbol{X}_2\boldsymbol{b}_2+\boldsymbol{Z}_2\boldsymbol{a}_2+\boldsymbol{e}_2$$

令

$$\boldsymbol{y}=\begin{bmatrix}\boldsymbol{y}_1\\ \boldsymbol{y}_2\end{bmatrix},\boldsymbol{X}=\begin{bmatrix}\boldsymbol{X}_1 & \boldsymbol{0}\\ \boldsymbol{0} & \boldsymbol{X}_2\end{bmatrix},\boldsymbol{y}=\begin{bmatrix}\boldsymbol{b}_1\\ \boldsymbol{b}_2\end{bmatrix},\ \boldsymbol{Z}=\begin{bmatrix}\boldsymbol{Z}_1 & \boldsymbol{0}\\ \boldsymbol{0} & \boldsymbol{Z}_2\end{bmatrix},\ \boldsymbol{a}=\begin{bmatrix}\boldsymbol{a}_1\\ \boldsymbol{a}_2\end{bmatrix},\ \boldsymbol{e}=\begin{bmatrix}\boldsymbol{e}_1\\ \boldsymbol{e}_2\end{bmatrix}$$

用同一矩阵形式可表示为：

$$\boldsymbol{y}=\boldsymbol{X}\boldsymbol{b}+\boldsymbol{Z}\boldsymbol{a}+\boldsymbol{e}$$

$$E(\boldsymbol{a})=0,\ E(\boldsymbol{e})=0$$

$$令\ \boldsymbol{G}_0=\begin{bmatrix}g_{11} & g_{12}\\ g_{12} & g_{22}\end{bmatrix},\ \boldsymbol{R}_0=\begin{bmatrix}r_{11} & r_{12}\\ r_{12} & r_{22}\end{bmatrix}$$

其中 g_{11} 和 g_{22} 分别为性状 1 和性状 2 的加性遗传方差，g_{12} 为两性状间的遗传协方差，

r_{11} 和 r_{22} 分别为性状 1 和性状 2 的误差方差，r_{12} 为两性状间的误差协方差。于是

$$\mathrm{Var}(\boldsymbol{a})=\boldsymbol{G}=\begin{bmatrix}\boldsymbol{A}g_{11} & \boldsymbol{A}g_{12}\\ \boldsymbol{A}g_{12} & \boldsymbol{A}g_{22}\end{bmatrix},\ Var(\boldsymbol{e})=\boldsymbol{R}=\begin{bmatrix}\boldsymbol{I}r_{11} & \boldsymbol{I}r_{12}\\ \boldsymbol{I}r_{12} & \boldsymbol{I}r_{22}\end{bmatrix}$$

其中 $\boldsymbol{A}$ 为个体间加性遗传相关矩阵。

求解上述模型的 BLUP 混合模型方程组为：

$$\begin{bmatrix}\boldsymbol{X}'\boldsymbol{R}^{-1}\boldsymbol{X} & \boldsymbol{X}'\boldsymbol{R}^{-1}\boldsymbol{Z}\\ \boldsymbol{X}'\boldsymbol{R}^{-1}\boldsymbol{X} & \boldsymbol{Z}'\boldsymbol{R}^{-1}\boldsymbol{Z}+\boldsymbol{G}^{-1}\end{bmatrix}\begin{bmatrix}\hat{\boldsymbol{b}}\\ \hat{\boldsymbol{a}}\end{bmatrix}=\begin{bmatrix}\boldsymbol{X}'\boldsymbol{R}^{-1}\boldsymbol{y}\\ \boldsymbol{Z}'\boldsymbol{R}^{-1}\boldsymbol{y}\end{bmatrix}$$

令

$$\boldsymbol{G}_0^{-1}=\begin{bmatrix}g^{11} & g^{12}\\ g^{12} & g^{22}\end{bmatrix},\ \boldsymbol{R}_0^{-1}=\begin{bmatrix}r^{11} & r^{12}\\ r^{12} & r^{22}\end{bmatrix}$$

则

$$\boldsymbol{G}^{-1}=\begin{bmatrix}\boldsymbol{A}^{-1}g^{11} & \boldsymbol{A}^{-1}g^{12}\\ \boldsymbol{A}^{-1}g^{12} & \boldsymbol{A}^{-1}g^{22}\end{bmatrix},\boldsymbol{R}^{-1}=\begin{bmatrix}\boldsymbol{I}r^{11} & \boldsymbol{I}r^{12}\\ \boldsymbol{I}r^{12} & \boldsymbol{I}r^{22}\end{bmatrix}$$

代入混合模型方程组：

$$\begin{bmatrix}\boldsymbol{X}_1'\boldsymbol{X}_1r^{11} & \boldsymbol{X}_1'\boldsymbol{X}_2r^{12} & \boldsymbol{X}_1'\boldsymbol{Z}_1r^{11} & \boldsymbol{X}_1'\boldsymbol{Z}_2r^{12}\\ \boldsymbol{X}_2'\boldsymbol{X}_1r^{12} & \boldsymbol{X}_2'\boldsymbol{X}_2r^{21} & \boldsymbol{X}_2'\boldsymbol{Z}_1r^{12} & \boldsymbol{X}_2\boldsymbol{Z}_2r^{22}\\ \boldsymbol{Z}_1'\boldsymbol{X}_1r^{11} & \boldsymbol{Z}_1'\boldsymbol{X}_2r^{12} & \boldsymbol{Z}_1'\boldsymbol{Z}_1r^{11}+\boldsymbol{A}^{-1}g^{11} & \boldsymbol{Z}_1'\boldsymbol{Z}_2r^{12}+\boldsymbol{A}^{-1}g^{12}\\ \boldsymbol{Z}_2'\boldsymbol{X}_1r^{12} & \boldsymbol{Z}_2'\boldsymbol{X}_2r^{22} & \boldsymbol{Z}_2'\boldsymbol{Z}_1r^{12}+\boldsymbol{A}^{-1}g^{12} & \boldsymbol{Z}_2'\boldsymbol{Z}_2r^{22}+\boldsymbol{A}^{-1}g^{22}\end{bmatrix}\begin{bmatrix}\hat{\boldsymbol{b}}_1\\ \hat{\boldsymbol{b}}_2\\ \hat{\boldsymbol{a}}_1\\ \hat{\boldsymbol{a}}_2\end{bmatrix}=\begin{bmatrix}\boldsymbol{X}_1'\boldsymbol{y}_1r^{11}+\boldsymbol{X}_1'\boldsymbol{y}_2r^{12}\\ \boldsymbol{X}_2'\boldsymbol{y}_1r^{12}+\boldsymbol{X}_2'\boldsymbol{y}_2r^{22}\\ \boldsymbol{Z}_1'\boldsymbol{y}_1r^{11}+\boldsymbol{Z}_1'\boldsymbol{y}_2r^{12}\\ \boldsymbol{Z}_2'\boldsymbol{y}_1r^{12}+\boldsymbol{X}_2'\boldsymbol{y}_2r^{22}\end{bmatrix}$$

求解该方程组，得到固定效应的估计值和个体育种值的预测值。

例如，有 3 个个体的 2 个性状记录资料如下：

个体	性状 1(y_1)	性状 2(y_2)
1	40	148
2	50	168
3	46	150

为简便起见，假设个体间无系统环境差异，则模型中的固定效应为两性状的总体均值，即 $b_1=\mu_1, b_2=\mu_2$。

把具体数字代入模型，则：

$$\begin{bmatrix}40\\50\\46\\148\\168\\150\end{bmatrix}=\begin{bmatrix}1 & \\ 1 & \\ 1 & \\ & 1\\ & 1\\ & 1\end{bmatrix}\begin{bmatrix}\mu_1\\ \mu_2\end{bmatrix}+\begin{bmatrix}1 &&&&& \\ & 1 &&&& \\ && 1 &&& \\ &&& 1 && \\ &&&& 1 & \\ &&&&& 1\end{bmatrix}\begin{bmatrix}a_{11}\\a_{12}\\a_{13}\\a_{21}\\a_{22}\\a_{23}\end{bmatrix}+\begin{bmatrix}e_{11}\\e_{12}\\e_{13}\\e_{21}\\e_{22}\\e_{23}\end{bmatrix}$$

再设个体间无亲缘相关，即 $\boldsymbol{A}=\boldsymbol{I}$，且有：

$$\boldsymbol{G}_0=\begin{bmatrix}4 & 1\\ 1 & 5\end{bmatrix},\boldsymbol{R}_0=\begin{bmatrix}20 & 4\\ 4 & 50\end{bmatrix}$$

则 $\boldsymbol{G}_0^{-1}\approx\begin{bmatrix}0.2632 & -0.0526\\ -0.0526 & 0.2105\end{bmatrix},\boldsymbol{R}_0\approx\begin{bmatrix}0.0505 & -0.0041\\ -0.00416 & 0.0203\end{bmatrix}$

代入混合模型方程组，得：

$$\begin{bmatrix}0.1524 & -0.0123 & 0.0508 & 0.0508 & 0.0508 & -0.0041 & -0.0041 & -0.0041\\ & 0.0609 & -0.0041 & -0.0041 & -0.0041 & 0.0203 & 0.0203 & 0.0203\\ & & 0.3140 & 0 & 0 & -0.0567 & 0 & 0\\ & & & 0.3140 & 0 & 0 & -0.0567 & 0\\ & & & & 0.3140 & 0 & 0 & -0.0567\\ & \text{对称} & & & & 0.2308 & 0 & 0\\ & & & & & & 0.2308 & 0\\ & & & & & & & 0.2308\end{bmatrix}\begin{bmatrix}\hat{\mu}_1\\ \hat{\mu}_2\\ \hat{a}_{11}\\ \hat{a}_{12}\\ \hat{a}_{13}\\ \hat{a}_{21}\\ \hat{a}_{22}\\ \hat{a}_{23}\end{bmatrix}=\begin{bmatrix}4.9982\\ 8.9022\\ 1.4252\\ 1.8512\\ 1.7218\\ 2.8404\\ 3.2054\\ 2.8564\end{bmatrix}$$

$[\mu_1\quad \mu_2]=[45.4737\quad 156.0355]$

$[a_{11}\quad a_{12}\quad a_{13}]=[-1.2770\quad 0.7865\quad 0.0695]$

$[a_{21}\quad a_{22}\quad a_{23}]=[-2.7486\quad 1.1651\quad -0.5231]$

五、作业与思考

(1)2 个牧场 10 头育成母羊剪毛量和毛长资料如下：

个体	牧场	剪毛量(y_1)	毛长(y_2)
1	1	4.90	14.0
2	1	5.50	8.5
3	1	5.50	8.5
4	1	5.20	9.0
5	1	5.30	11.0
6	2	3.60	9.5
7	2	4.80	8.0
8	2	5.25	10.5
9	2	5.80	8.5
10	2	4.70	7.0

采用多性状动物模型 BLUP 进行两性状的育种值估计，试列出动物模型及矩阵表达式。

(2)设有 4 个个体的 2 个性状记录资料如下：

个体	性状 1(y_1)	性状 2(y_2)
1	20	112
2	29	108
3	30	100
4	26	105

设个体间无系统环境差异，无亲缘关系，且 $\boldsymbol{G}_0=\begin{bmatrix}2 & 1\\1 & 4\end{bmatrix}$，$\boldsymbol{R}_0=\begin{bmatrix}9 & -2\\-2 & 36\end{bmatrix}$，试对该资料进行多性状 BLUP。

实验二十一　遗传参数的约束最大似然(REML)估计

准确的育种值估计对动物遗传改良是非常重要的，而育种值的估计则依赖于统计模型中随机效应的方差-协方差。实际应用中，这些方差组分必须事先估计。遗传参数估计的实质是估计方差组分，因为遗传参数实质上是一些方差比。

一、实验目的

(1)熟悉约束最大似然法估计方差组分和遗传参数的基本原理。
(2)熟悉不同 REML 算法的优缺点。
(3)掌握利用有关软件估计方差组分和遗传参数的基本过程。

二、实验内容

(1)线性混合模型的定义。
(2)约束最大似然(REML)估计的基本原理。
(3)REML 算法的分类及不同算法的优缺点。
(4)方差组分和遗传参数估计的有关软件应用。

三、实验仪器与材料

(1)计算机。
(2)育种数据。
(3)方差组分估计软件(如 WOMBAT、VCE 等)。

四、实验原理与方法

(一)线性混合模型

以矩阵形式表示的线性混合模型的一般形式为：

$$\boldsymbol{y}=\boldsymbol{X}\boldsymbol{b}+\boldsymbol{Z}\boldsymbol{a}+\boldsymbol{e} \tag{21-1}$$

式中：$\boldsymbol{y}$ 为 n 维观察值向量，$\boldsymbol{b}$ 为 p 维未知固定效应向量，$\boldsymbol{a}$ 为 q 维未知随机效应向量，$\boldsymbol{e}$ 为残差效应向量，$\boldsymbol{X}$ 和 $\boldsymbol{Z}$ 分别为固定效应和随机效应的已知结构矩阵。随机向量 $\boldsymbol{a}$ 包括一个加性遗传效应，在动物模型中是那些有记录个体的效应。

随机变量的期望和方差为：

$$E\begin{bmatrix} \boldsymbol{y} \\ \boldsymbol{a} \\ \boldsymbol{e} \end{bmatrix}=\begin{bmatrix} \boldsymbol{Xb} \\ \boldsymbol{0} \\ \boldsymbol{0} \end{bmatrix}, \mathrm{Var}\begin{bmatrix} \boldsymbol{y} \\ \boldsymbol{a} \\ \boldsymbol{e} \end{bmatrix}=\begin{bmatrix} \boldsymbol{V} & \boldsymbol{ZG} & \boldsymbol{R} \\ \boldsymbol{GZ'} & \boldsymbol{G} & \boldsymbol{0} \\ \boldsymbol{R} & \boldsymbol{0} & \boldsymbol{R} \end{bmatrix} \tag{21-2}$$

且有 $\boldsymbol{V}=\boldsymbol{ZGZ'}+\boldsymbol{R}$。$\boldsymbol{G}$ 和 $\boldsymbol{R}$ 分别为加性遗传和残差方差-协方差矩阵，二者为向量 $\boldsymbol{\sigma}$ 中方差组分的函数。$\boldsymbol{\sigma}$ 的参数空间为 Ω，且对于 $\boldsymbol{\sigma}\in\Omega$，$\boldsymbol{G}$ 和 $\boldsymbol{R}$ 非负定。

通常假定残差效应呈同质独立分布(identically and independently distributed, iid)：

$$\mathrm{Var}(\boldsymbol{e})=\boldsymbol{R}=\boldsymbol{I}\boldsymbol{\sigma}_e^2$$

其中，σ_e^2 为残差方差。加性遗传效应间的方差-协方差可表示为：

$$\mathrm{Var}(\boldsymbol{a})=\boldsymbol{G}=\boldsymbol{A}\boldsymbol{\sigma}_a^2$$

其中，$\boldsymbol{A}$ 为分子血缘相关矩阵，σ_a^2 为加性遗传方差。表型方差-协方差矩阵 $\boldsymbol{V}$ 为方差组分 $\sigma^2=[\sigma_a^2 \quad \sigma_e^2]$ 的线性组合：

$$\mathrm{Var}(\boldsymbol{y})=\boldsymbol{V}=\boldsymbol{ZAZ'}\sigma_a^2+\boldsymbol{I}\sigma_e^2$$

(二)约束最大似然(REML)估计的基本原理

约束最大似然(REML)法是目前动物育种中进行方差组分估计的主要方法。这是因为，与以往其他方差组分估计方法相比，REML 估值对选择无偏，而且方差组分估值无负值。REML 法改进了最大似然(ML)法以说明因估计固定效应而引起的自由度的损失。其基本思路是求观察值的某一特定线性函数的似然函数的最大值，也就是说，用 $n-r(\boldsymbol{X})$ 个线性独立的误差对照 $\boldsymbol{K'y}$ 的约束似然函数 Lr 代替最大似然法下的全似然函数 L。其中，$r(\boldsymbol{X})$ 为矩阵 $\boldsymbol{X}$ 的秩。

若 $\boldsymbol{y}$ 服从正态分布，则 $\boldsymbol{K'y}$ 也服从正态分布。当 $\boldsymbol{K'y}\sim N(\boldsymbol{0},\boldsymbol{K'VK})$ 时，$\boldsymbol{K'y}$ 的对数似然函数为：

$$\ln Lr(\sigma|\boldsymbol{y})\propto C-\frac{1}{2}\ln|\boldsymbol{K'VK}|-\frac{1}{2}\boldsymbol{y'K}(\boldsymbol{K'VK})^{-1}\boldsymbol{K'y} \tag{21-3}$$

其中，$\boldsymbol{C}$ 为一常数，即 $\boldsymbol{C}=-0.5(\boldsymbol{n}-\boldsymbol{r}(\boldsymbol{X}))\ln(2\pi)$。

由式(21-3)可见，Lr 不是 $\boldsymbol{b}$ 的一个函数，即克服了 ML 法中因估计固定效应而引起的自由度的损失。根据定义，$\boldsymbol{\sigma}$ 的 REML 估值是一个使 $\ln Lr$ 最大化的落在参数空间中的一个值。因此，约束最大似然法实质上是一种考虑了由于配合固定效应而导致自由度损失的最大似然法。换言之，REML 是在对所有观察值就固定效应做了校正后，对似然函数进行最大化的。

(三)不同的 REML 算法

REML 算法可根据求导的阶数大致可分为 3 类。

1. 基于一阶偏导数的 REML

使对数约束似然函数最大化的直接方法，便是对其求导，并令导数等于 0。对数约束似然函数的一阶偏导数为：

$$\frac{\partial \ln Lr}{\partial \sigma_i}=-\frac{1}{2}tr\left(\boldsymbol{P}\frac{\partial \boldsymbol{V}}{\partial \sigma_i}\right)+\frac{1}{2}\boldsymbol{y'P}\frac{\partial \boldsymbol{V}}{\partial \sigma_i}\boldsymbol{Py} \tag{21-4}$$

其中的 $\boldsymbol{P}$ 较为复杂，称为影射矩阵。

令一阶偏导数等于 0，则：

$$\boldsymbol{y}'\boldsymbol{P}\frac{\partial \boldsymbol{V}}{\partial \sigma_i}\boldsymbol{P}\boldsymbol{y}=tr\left(\boldsymbol{P}\frac{\partial \boldsymbol{V}}{\partial \sigma_i}\right) \tag{21-5}$$

然后经迭代求解便得出了所谓的期望最大化(EM)算法。

若公式 21-1 为一动物模型，即随机效应 $\boldsymbol{a}$ 为个体的加性遗传效应，则混合模型方程组为：

$$\begin{bmatrix}\boldsymbol{X}'\boldsymbol{X} & \boldsymbol{X}'\boldsymbol{Z}\\ \boldsymbol{Z}'\boldsymbol{X} & \boldsymbol{Z}'\boldsymbol{Z}+\boldsymbol{A}^{-1}\alpha\end{bmatrix}\begin{bmatrix}\hat{\boldsymbol{b}}\\ \hat{\boldsymbol{a}}\end{bmatrix}=\begin{bmatrix}\boldsymbol{X}'\boldsymbol{y}\\ \boldsymbol{Z}'\boldsymbol{y}\end{bmatrix} \tag{21-6}$$

其中：α 为待估计的方差参数的一个函数，通常称为方差比。$\alpha=\frac{\sigma_e^2}{\sigma_a^2}=\frac{1-h^2}{h^2}$，$h^2$ 为性状的遗传力。

利用 EM 算法估计方差组分可由下式得出：

$$\sigma_a^2=\frac{\hat{\boldsymbol{a}}'\boldsymbol{A}^{-1}\boldsymbol{a}+tr(\boldsymbol{A}^{-1}\boldsymbol{C}^{aa})\sigma_e^2}{q} \tag{21-7}$$

$$\sigma_e^2=\frac{\boldsymbol{y}'\boldsymbol{y}-\hat{\boldsymbol{b}}'\boldsymbol{X}'\boldsymbol{y}-\hat{\boldsymbol{a}}'\boldsymbol{Z}'\boldsymbol{y}}{n-r(\boldsymbol{X})} \tag{21-8}$$

式中：n 为观察值数；q 为随机效应的水平数；tr 表示迹，即一个方阵对角线元素之和；$\boldsymbol{C}^{aa}$ 为混合模型方程组系数矩阵逆阵中对应于随机效应（动物模型中的个体加性遗传效应）部分的子矩阵。

EM 算法需要迭代求解。由式(21-7)和式(21-8)可见，每轮迭代需要混合模型方程组的解以及系数矩阵随机效应部分逆阵的迹，而这些要素都来自混合模型方程组。迭代求解的基本过程是：

①给定方差组分的初值，求解混合模型方程组；

②将混合模型方程组的解代入式(21-7)和式(21-8)，计算方差组分。由此产生新的方差组分估值和相应的 α 值。

③将新的方差组分或 α 值代入混合模型方程组，重复步骤①和②。如此连续迭代，旧值和新值间越来越相似，直到最后收敛。

EM 算法的显著特点是如果初值为正值，经过迭代总能产生正的估计值。其缺点是收敛相对较慢。

2. 非求导的 REML(DFREML)

在前述的求导算法中，必须计算混合模型方程组系数矩阵的逆阵，而这一计算在大数据集和多性状情况下便非常困难。非求导(DF)算法避免了 $\boldsymbol{C}^{-1}$ 的计算。

对式(21-3)的对数约束似然函数可另写为：

$$\ln Lr(\boldsymbol{\sigma}\mid\boldsymbol{y})\propto \boldsymbol{C}-\frac{1}{2}\ln|\boldsymbol{R}|-\frac{1}{2}\ln|\boldsymbol{G}|-\frac{1}{2}|\boldsymbol{C}^*|-\frac{1}{2}\boldsymbol{y}'\boldsymbol{P}\boldsymbol{y} \tag{21-9}$$

式中：$\boldsymbol{C}^*$ 是用 $\boldsymbol{X}^*$ 代替 $\boldsymbol{X}$ 后混合模型方程组的系数矩阵，而 $\boldsymbol{X}^*$ 是 $\boldsymbol{X}$ 的一个具有 $r(\boldsymbol{X})$ 个线性独立列的矩阵。$\boldsymbol{y}'\boldsymbol{P}\boldsymbol{y}$ 表示残差平方和，$\boldsymbol{P}$ 为影射矩阵，且有：

$$\boldsymbol{P}=\boldsymbol{V}^{-1}-\boldsymbol{X}(\boldsymbol{X}'\boldsymbol{V}^{-1}\boldsymbol{X})^{-1}\boldsymbol{X}'\boldsymbol{V}^{-1}=\boldsymbol{V}^{-1}-\boldsymbol{X}^*(\boldsymbol{X}^{*\prime}\boldsymbol{V}^{-1}\boldsymbol{X}^*)^{-1}\boldsymbol{X}^{*\prime}\boldsymbol{V}^{-1}$$

DF 算法需要每轮对行列式进行计算，应用搜索方法以达到约束似然函数的最大化。常用的算法包括单纯形(Simplex)法、Powell 算法等。与求导算法相比，DF 算法的收敛强烈地依赖于性状数、算法类型、算法过程和初值。同时，在多性状估计时，DF 算法不仅耗时太多，而且很不可靠。当估计的性状数大于 2～4 个时，几乎不可能得到可靠估值。

3. 基于一阶和二阶偏导数的 REML

从几何学来讲，约束似然函数的一阶和二阶导数相当于函数的斜率和曲率。对数约束似然函数式(21-3)的二阶导数就是 Hessian 信息矩阵，称为观察的信息。具有如下形式：

$$\frac{\partial^2 \ln Lr}{\partial\sigma_i\partial\sigma_j}=\frac{1}{2}tr\left(\boldsymbol{P}\frac{\partial\boldsymbol{V}}{\partial\sigma_i}\boldsymbol{P}\frac{\partial\boldsymbol{V}}{\partial\sigma_j}\right)-\boldsymbol{y}'\boldsymbol{P}\frac{\partial\boldsymbol{V}}{\partial\sigma_i}\boldsymbol{P}\frac{\partial\boldsymbol{V}}{\partial\sigma_j}\boldsymbol{Py} \tag{21-10}$$

对数约束似然函数二阶导数的期望也就是 Fisher 信息矩阵，称为期望的信息。具有如下形式：

$$E\left(\frac{\partial^2 \ln Lr}{\partial\sigma_i\partial\sigma_j}\right)=-\frac{1}{2}tr\left(\boldsymbol{P}\frac{\partial\boldsymbol{V}}{\partial\sigma_i}\boldsymbol{P}\frac{\partial\boldsymbol{V}}{\partial\sigma_j}\right) \tag{21-11}$$

当将观察的和期望的信息平均时，有关的迹和项抵消，称为平均信息(AI)，即

$$\begin{aligned}AI(\sigma_i,\sigma_j)&=\frac{1}{2}\left(-\frac{\partial^2 \ln Lr}{\partial\sigma_i\partial\sigma_j}+E\left(\frac{\partial^2 \ln Lr}{\partial\sigma_i\partial\sigma_j}\right)\right)\\&=\frac{1}{2}\boldsymbol{y}'\boldsymbol{P}\frac{\partial\boldsymbol{V}}{\partial\sigma_i}\boldsymbol{P}\frac{\partial\boldsymbol{V}}{\partial\sigma_j}\boldsymbol{Py}\end{aligned} \tag{21-12}$$

用于估计方差组分的平均信息算法用如下公式迭代：

$$\boldsymbol{\sigma}^{(k+1)}=\boldsymbol{\sigma}^{(k)}+(AI^{(k)})^{-1}\frac{\partial \ln Lr}{\partial\boldsymbol{\sigma}}|\boldsymbol{\sigma}^{(k)} \tag{21-13}$$

式中：$\boldsymbol{\sigma}$ 为方差组分向量，k 迭代次数，$\frac{\partial \ln Lr}{\partial\boldsymbol{\sigma}}$为关于每个方差组分对数约束似然函数的一阶导数列向量，$AI^{(k)}$是第 k 次迭代时的平均信息。

对于多性状或多变量遗传分析，基于一阶和二阶偏导数的 REML 算法较前 2 种方法收敛快，同时在收敛时可获得参数的大样本方差-协方差。

(四)举例

1. 单性状动物模型的例子

利用表 21-1 列出的肉用犊牛断奶前增重(WWG)的数据集(Mrode，2005)，估计该性状的方差组分和遗传力。

表 21-1 肉用犊牛的断奶前增重

犊牛	性别	父亲	母亲	断奶前增重(WWG，kg)
4	公	1	未知	4.5
5	母	3	2	2.9
6	母	1	2	3.9
7	公	4	5	3.5
8	公	3	6	5.0

可用如下模型描述该数据集：

$$y_{ij}=p_i+a_j+e_{ij}$$

式中：y_{ij} 为第 i 个性别的第 j 头犊牛的断奶前增重，p_i 为第 i 个性别的固定效应，a_j 为第 j 头犊牛的随机效应，e_{ij} 为随机残差效应。用矩阵形式表示，该模型与式(29-1)相同。

下面利用 WOMBAT 软件说明不同 REML 算法估计方差组分的方法。

首先，建立一个数据文件，命名为 animal. dat。该文件由 3 列组成，依次为个体编号、性别(公犊编为 1，母犊编为 2)和性状观察值，即断奶前增重。

```
4    1    2.6
5    2    0.1
6    2    1.0
7    1    3.0
8    1    1.0
```

然后，建立一个系谱文件，命名为 animal. ped。该文件也由 3 列组成，依次为个体、父亲和母亲的编号。

```
1    0    0
2    0    0
3    0    0
4    1    0
5    3    2
6    1    2
7    4    5
8    3    6
```

最后，根据具体情况，建立一个适宜的参数文件，运行程序。本例中，配合动物模型，将性别效应作为固定效应，个体加性遗传效应作为随机效应。建立的参数文件命名为 animal. par。

```
COM Single trait, animal model
PED animal. ped
DAT animal. dat
  animal
  sex 2
  wwg
END
ANAL UNI
MODEL
  RAN animal NRM
  FIX sex
  TR wwg
END
VAR animal 1
  20
VAR error 1
  40
```

表 21-2 给出了不同 REML 算法下程序的运行方法、达到收敛所需的迭代次数、约束似然函数的最大值以及表型方差、加性遗传方差和残差方差估计值。可见，均是非求导算法，利用 Powell 算法迭代收敛，而利用 Simplex 算法则未收敛，说明 DFREML 对算法具有一定的依赖性。达到收敛后，各算法的方差组分估值稍有不同，主要是计算误差造成的。

利用 $h^2=\frac{\sigma_a^2}{\sigma_p^2}$ 计算遗传力，除 EM(emalg)算法和参数扩展的 EM 算法(px-em)分别为 0.549 和 0.515 外，其余算法下的遗传力估值均为 0.533。

表 21-2 利用 WOMBAT 软件进行不同 REML 算法估计方差组分和遗传参数的运行方法及结果

程序运行方法	算法	迭代次数	ln L 最大值	表型方差 σ_p^2	加性遗传方差 σ_a^2	残差方差 σ_e^2
wombat-aireml animal	AI 算法	8	−2.182	1.034 84	0.551 60	0.483 24
wombat-emalg animal	标准 EM 算法	215	−2.182	1.042 51	0.572 67	0.469 84
wombat-pxem animal	PX-EM 算法	955	−2.182	1.026 86	0.528 83	0.498 03
wombat-emai animal 或 wombat animal	几轮 EM 算法，然后 AI 算法(默认算法)	4 次 EM 迭代；7 次 AI 迭代	−2.182	1.034 87	0.551 07	0.483 80
wombat-pxai animal	几轮 PX 算法，然后 AI 算法	4 次 PX 迭代；6 次 AI 迭代	−2.182	1.035 72	0.552 12	0.483 60
wombat-simplex animal	Simplex 非求导算法		−6.907		迭代未收敛	
wombat-powell animal	Powell 非求导算法	8 次函数评估	−2.182	1.035 78	0.552 39	0.483 39

2. 单性状重复力模型的例子

当个体的某一性状具有多次记录，即重复记录时，该性状不仅受个体的遗传效应影响，而且各次记录还受一个共同的永久环境效应影响，而这一效应是一个随机的非遗传效应。这时，便需要配合重复力模型：

$$\boldsymbol{y}=\boldsymbol{X}\boldsymbol{b}+\boldsymbol{Z}_1\boldsymbol{a}+\boldsymbol{Z}_2\boldsymbol{w}+\boldsymbol{e}$$

式中：$\boldsymbol{y}$ 为观察值向量；$\boldsymbol{b}$ 为固定效应向量；$\boldsymbol{X}$ 为固定效应的关联矩阵；$\boldsymbol{a}$ 为的加性遗传效应向量；$\boldsymbol{Z}_1$ 为加性遗传效应的关联矩阵；$\boldsymbol{w}$ 为永久环境效应向量；$\boldsymbol{Z}_2$ 为永久环境效应的关联矩阵；$\boldsymbol{e}$ 为残差效应。且有：

$$E(\boldsymbol{y})=\boldsymbol{X}\boldsymbol{b},V\begin{bmatrix}\boldsymbol{a}\\ \boldsymbol{p}\\ \boldsymbol{e}\end{bmatrix}=\begin{bmatrix}\boldsymbol{A}\sigma_a^2 & \boldsymbol{0} & \boldsymbol{0}\\ \boldsymbol{0} & \boldsymbol{I}\sigma_w^2 & \boldsymbol{0}\\ \boldsymbol{0} & \boldsymbol{0} & \boldsymbol{I}\sigma_e^2\end{bmatrix}$$

这时，需估计 3 个方差组分：σ_a^2、σ_w^2 和 σ_e^2。表型方差 $\sigma_p^2=\sigma_a^2+\sigma_w^2+\sigma_e^2$。

例如，要利用一个奶牛群中 6 头母牛的乳脂量记录估计遗传参数。系谱文件(permanent.ped)、数据文件(permanent.dat)和参数文件(permanent.par)见表 21-3。其中数据文件由 5 列组成，依次为个体、胎次或泌乳期(2 个水平)、场-年-季(4 个水平)、用于估计个体永久环境效应的个体编号以及乳脂量的观察值。

利用 WOMBAT 默认 REML 算法，即 EMAI 算法，运行 WOMBAT permanent，即可得到各方差组分的估值及其近似抽样误差。利用公式 $h^2=\dfrac{\sigma_a^2}{\sigma_p^2}$ 和 $re=\dfrac{\sigma_a^2+\sigma_e^2}{\sigma_p^2}$ 可以计算遗传力和重复力。各方差组分及其抽样误差和遗传参数估值也列于表 21-3。

表 21-3　单性状重复力模型估计方差组分和遗传参数的例子

系谱和数据文件	参数文件	参数估值及其抽样误差		
		参数	估计值	抽样误差
permanent. ped	permanent. par			
1　0　0	COM Fat yield (kg) of dairy cows	σ_a^2	1 935. 8	4 379. 1
2　0　0	PEDS permanent. ped	σ_w^2	888. 7	2 734. 6
3　0　0	DATA permanent. dat	σ_e^2	16. 5	16. 5
4　1　2	animal			
5　3　2	lactation 2			
6　1　5	hys 4	σ_p^2	2 841. 0	2 479. 2
7　3　4	animalPE 999	h^2	0. 681	—
8　1　7	fat	re	0. 994	—
	END			
permanent. dat	ANAL UNI			
	MODEL			
4　1　1　4　201	FIX hys			
4　2　3　4　280	FIX lactation			
5　1　1　5　150	RAN animal nrm			
5　2　4　5　200	RAN animalPE ide			
6　1　2　6　160	trait fat			
6　2　3　6　190	END MOD			
7　1　1　7　180	VAR animal 1			
7　2　3　7　250	20			
8　1　2　8　285	VAR animalPE 1			
8　2　4　8　300	12			
	VAR residual 1			
	28			

3. 多性状模型的例子

多性状分析模型如同每个单一性状模型的堆积。以两性状为例，性状 1 可以用如下模型描述：

$$\boldsymbol{y}_1=\boldsymbol{X}_1\boldsymbol{b}_1+\boldsymbol{Z}_1\boldsymbol{a}_1+\boldsymbol{e}_1$$

性状 2 的模型写为：

$$\boldsymbol{y}_2=\boldsymbol{X}_2\boldsymbol{b}_2+\boldsymbol{Z}_2\boldsymbol{a}_2+\boldsymbol{e}_2$$

如果个体在性状内进行了排序，那么，该两性状的多变量分析模型可写为：

$$\begin{bmatrix}\boldsymbol{y}_1\\\boldsymbol{y}_2\end{bmatrix}=\begin{bmatrix}\boldsymbol{X}_1&\boldsymbol{0}\\\boldsymbol{0}&\boldsymbol{X}_2\end{bmatrix}\begin{bmatrix}\boldsymbol{b}_1\\\boldsymbol{b}_2\end{bmatrix}+\begin{bmatrix}\boldsymbol{Z}_1&\boldsymbol{0}\\\boldsymbol{0}&\boldsymbol{Z}_2\end{bmatrix}\begin{bmatrix}\boldsymbol{a}_1\\\boldsymbol{a}_2\end{bmatrix}+\begin{bmatrix}\boldsymbol{e}_1\\\boldsymbol{e}_2\end{bmatrix}$$

令

$$\boldsymbol{y}=\begin{bmatrix}\boldsymbol{y}_1\\ \boldsymbol{y}_2\end{bmatrix},\boldsymbol{X}=\begin{bmatrix}\boldsymbol{X}_1 & \boldsymbol{0}\\ \boldsymbol{0} & \boldsymbol{X}_2\end{bmatrix},\boldsymbol{y}=\begin{bmatrix}\boldsymbol{b}_1\\ \boldsymbol{b}_2\end{bmatrix},\boldsymbol{Z}=\begin{bmatrix}\boldsymbol{Z}_1 & \boldsymbol{0}\\ \boldsymbol{0} & \boldsymbol{Z}_2\end{bmatrix},\boldsymbol{a}=\begin{bmatrix}\boldsymbol{a}_1\\ \boldsymbol{a}_2\end{bmatrix},\boldsymbol{e}=\begin{bmatrix}\boldsymbol{e}_1\\ \boldsymbol{e}_2\end{bmatrix}$$

仍可用同一矩阵形式表示为：

$$\boldsymbol{y}=\boldsymbol{Xb}+\boldsymbol{Za}+\boldsymbol{e}$$

例如，利用两性状动物模型估计肉用犊牛断奶前增重(wwg)和断奶后增重(pwg)的遗传参数。系谱文件(multi. ped)、数据文件(multi. dat)和参数文件(multi. par)见表 21-4。其中数据文件由 4 列组成，依次为性状编号、个体编号、性别(2 个水平)和观察值。

配合两性状动物模型，将性别效应作为固定效应，将个体加性遗传效应作为随机效应。利用 WOMBAT 默认 REML 算法，运行 WOMBAT multi，即可得到各方差组分的估值及其近似抽样误差。

利用公式 $h^2=\dfrac{\sigma_a^2}{\sigma_p^2}$ 和 $r_A=\dfrac{\sigma_{a_{ij}}}{\sqrt{\sigma_{a_i}^2\sigma_{a_j}^2}}$ 可以计算两性状的遗传力和其间的遗传相关。各方差组分和遗传参数估值及其抽样误差也列于表 21-4。

运行 WOMBAT multi，即可得到两性状的遗传力及其遗传相关(表 21-4)。

表 21-4　两性状动物模型估计方差组分和遗传参数的例子

系谱和数据文件				参数文件	各随机效应的解		
					参数	估计值	抽样误差
multi. ped				multi. par			
1	0	0		COM bivariate analysis	$\sigma_{a_1}^2$	0.399 8	0.376 7
2	0	0		ANAL MUV 2	$\sigma_{a_{12}}$	0.566 6	0.427 8
3	0	0		PEDS multi. ped	σ_{a_2}	0.803 1	0.686 8
4	1	0		DATA multi. dat			
5	3	2		tr1 traitno 2	σ_{e_1}	0.043 5	0.120 0
6	1	2		tr1 animal 0			
7	4	5		tr1 sex 2	$\sigma_{e_{12}}$	0.000 0	0.000 0
8	3	6		tr1 wwg			
				tr2 traitno 2	$\sigma_{e_2}^2$	0.001 1	0.218 6
multi. dat				tr2 animal 0			
				tr2 sex 2	$\sigma_{p_1}^2$	0.443 3	0.333 3
1	4	1	4.5	tr2 pwg			
1	5	2	2.9	END	$\sigma_{p_{12}}^2$	0.566 6	0.427 8
1	6	2	3.9	MODEL			
1	7	1	3.5	FIX sex 12	$\sigma_{p_2}^2$	0.804 2	0.611 8
1	8	1	5.0	RAN animal nrm 12			
2	4	1	6.8	trait wwg 1	h_1^2	0.902	0.295
2	5	2	5.0	trait pwg 2			
2	6	2	6.8	END MOD			
2	7	1	6.0	VAR animal 2 2	$r_{A_{12}}$	1.000	0.290
2	8	1	7.5	20 18 40			
				VAR residual 2 2	h_2^2	0.999	0.272
				40 11 30			

值得注意的是，上述例子只是为了说明不同估计方法，估计结果不能用于指导育种实践。实际的遗传参数估计必须具有大样本，而且这里的大样本也不是一般统计学教科书上所说的样本大小在30以上就是大样本，而应该尽可能地大。具有育种指导意义的样本大小应成千上万。

五、作业与思考

(1)与以往方差组分估计方法相比，REML法有哪些优点？

(2)不同REML算法的优缺点是什么？

(3)表21-5列出的是8只山羊初生重和断奶重的育种数据。考虑的固定效应为性别(2个水平：公羔编码为1；母羔编码为2)和出生/哺育类型(3个水平：单羔出生、单羔哺育(1/1)编码为1；双羔出生、双羔哺育(2/2)编码为2；双羔出生、单羔哺育(2/1)编码为3)。试利用有关软件(如WOMBAT)估计这2个性状的遗传力和遗传相关。

表21-5　8只山羊的初生重和断奶重数据

个体	父亲	母亲	性别	出生/哺育类型	初生重(kg)	断奶重(kg)
5	1	2	1	2	1.80	14.0
6	3	4	2	1	2.50	19.0
7	5	6	1	1	2.90	16.5
8	5	4	2	1	2.50	18.0
9	3	8	2	2	2.05	15.5
10	3	8	2	2	2.00	16.5
11	7	10	1	3	2.60	20.0
12	7	10	2	3	2.25	21.0

实验二十二　杂种优势的度量与分析

一、实验目的

根据杂交实验结果，熟悉并掌握计算各性状杂种优势率的计算和分析方法，深刻领会个体杂种优势、父本杂种优势和母本杂种优势在不同杂交方式中的表现，为杂交组合的确定提供可靠依据。

二、实验内容

(1)杂种优势度量的原理和公式。

(2)杂种优势度量的方法。

三、实验仪器与材料

实验资料、计算器。

四、实验原理与方法

(一)原理和公式

1. 杂种优势度量

所谓配合力就是指不同的种群(品种或品系)通过杂交所获得的杂种优势程度。配合力分为一般配合力和特殊配合力 2 种。一般配合力是指一个种群与其他各个种群杂交所获得的平均效果。它反映的是杂交亲本群体平均育种值的高低。它的遗传基础是基因的加性效应。特殊配合力是指 2 个特定种群之间杂交所获得的超过一般配合力的杂种优势。它反映的是杂种群体平均基因型值与亲本平均育种值之差。它的遗传基础是基因的非加性效应，即显性效应和上位效应。所以，遗传力较低的性状杂交时往往表现较高的杂种优势。

通常通过杂交实验进行的配合力测定，主要是测定特殊配合力。特殊配合力一般以杂种优势值来表示，杂种优势值是指杂种群体平均值超过双亲平均值部分。而杂种优势率是指杂种优势值占亲本均值的百分率。公式为：

$$杂种优势值(H)：H=\bar{F}-\bar{P}$$

$$杂种优势率(H\%)=(\bar{F}-\bar{P})/\bar{P}\times 100\%$$

2. 杂种优势的比较分析

对实际杂交而言，并不是任何 2 个品种杂交都能产生良好的效果。进行配合力测定的另一个用途就是可以选出经济效益最佳的杂交组合。如对 3 个品种 A、B 和 C 进行杂交组合的确定试验中，先求出各自亲本的平均值，再求出品种间两两杂交的杂种优势值和杂种优势率，将各种组合的杂种优势率相比较，最大的即为最佳组合。

(二)方法

1. 两个种群(品种、品系)杂交的杂种优势率计算

首先，计算杂交试验中亲本纯繁组(A 和 B)的平均值：

$$\bar{P}=(\bar{A}+\bar{B})/2$$

式中：$\bar{P}$ 为亲本平均值，$\bar{A}$、$\bar{B}$ 为杂交亲本群的平均值。

其次，求出杂种该性状的平均值，即 $\bar{F}$。然后代入公式，计算杂种优势值和杂种优势率。

例题 1：设 A 系和 B 系杂交实验结果见表 22-1，计算杂种优势值和杂种优势率。

表 22-1　A×B 2 种群杂交实验

组合	性状的平均值
$A\times B$	129.00
$A\times A$	122.50
$B\times B$	107.45

杂种优势值：$H=\bar{F}-\bar{P}=\bar{F}-(\bar{A}+\bar{B})/2=129.0-(122.50+107.45)/2=14.025$

计算杂种优势率：$H\%=(\bar{F}-\bar{P})/\bar{P}\times 100=14.025/114.975=12.20\%$

2. 多个种群(品种、品系)杂交的杂种优势率计算

首先，求出多元杂交试验中亲本的平均值，即多个品种的加权均值。以三元杂交为例，设 A、B 为第一次杂交亲本值，C 为第二次杂交的亲本值。

$$\bar{P}=1/4(\bar{A}+\bar{B})+1/2\bar{C}$$

然后代入公式，计算三元杂交的杂种优势值和杂种优势率。

例题 2：设 A、B 和 C 三系杂交实验结果见表 22-2，计算杂种优势值和杂种优势率。

表 22-2　*AB* 和 C 3 个种群杂交实验

组合	性状的平均值
$A\times A$	147.54
$B\times B$	218.85
$C\times C$	185.10
$AB\times C$	248.41

杂种优势值：

$$\begin{aligned}H&=\bar{F}-\bar{P}=\bar{F}-[1/4(\bar{A}+\bar{B})+1/2\bar{C}]\\&=248.41-[1/4\times(147.54+218.85)]+1/2\times 185.10=64.26\end{aligned}$$

计算杂种优势率：

$$H\%=(\bar{F}-\bar{P})/\bar{P}\times 100=64.26/184.15=34.90\%$$

五、作业与思考

(1)设 A 品系和 B 品系杂交实验结果如下,试计算杂种优势值和杂种优势率。

组合	个体表型值				
$A\times A$	25	23	24	22	20
$B\times B$	26	22	25	27	24
$B\times A$	29	24	28	26	23
$A\times B$	25	30	31	27	24

(2)根据下表背膘厚度(cm)资料,计算 4 个品种猪的一般配合力、正反交组合的特殊配合力及杂种优势率。分析计算结果,选出最好的杂交组合。

品种	哈白猪	枫泾猪	长白猪	民　猪
哈白猪	3.50	4.57	3.65	4.41
枫泾猪	4.13	4.53	4.85	4.55
长白猪	3.16	3.35	2.60	3.40
民　猪	4.23	4.58	4.73	4.50

第三部分

综合设计(包括新技术)型实验

实验二十三　选配计划的制订

选配是动物育种工种的一个重要环节。它是人为地决定公母畜的配偶，以有目的地组合后代的遗传基础，从而巩固或加强选种的效果。选配计划又称选配方案。选配计划没有固定的格式，但一般包括每头公畜与配的母畜号(或母畜群别)、主要性能说明、选配目的、选配原则、亲缘关系、选配方法、预期效果等项目。

一、实验目的

(1)掌握不同选配方式的目的和作用。

(2)根据所学知识，结合实际育种群的情况，能够制订出可行的选配计划。

二、实验内容

(1)设计内容。

(2)设计提示。

(3)设计要求。

三、实验仪器与材料

育种数据、系谱资料。

四、实验原理与方法

(一)设计内容

1. 选配目的

选配工作必须围绕既定的育种目标来进行，而选配目的的确定应基于对个体和种畜群的充分了解。因此，在制订选配计划前，应了解和分析整个畜群的基本情况，包括育种目标、现有性能水平、系谱结构、尚需改进提高的地方等。

2. 选配方法

选配有多种方法。概括来说，在同一种群内，选配计划可以是基于：

①随机交配；

②亲缘关系(系谱)；

③生产性能或外形(表型)。

制订选配方案时，应根据具体情况灵活应用。

(1)随机交配：家畜的随机交配是指配偶的选择是随机的。随机交配不等于一般所说的自然交配，即将公母畜混养于一个群体中，任其自由交配。这样的交配由于受畜群中群居次序或配偶选择性的影响，某些公畜的配种概率高于其他公畜，这不符合随机交配的定义。随机交配也不同于无计划地乱交乱配，因其血缘情况和群体遗传结构不清楚，也不符合随机交配的定义。

严格来说，随机交配只有在大群体中才可能发生。如果畜群较小，就容易出现近交。而实践中的各种畜群，多为有限群体。因此，就个体而言，完全符合随机交配的情况是不多的。但就某一性状来说，如果在选配时对该性状的基因型完全未加注意，例如在配种时根本未注意双方的血型，那么，就血型来说，可以认为是随机交配的。这里有一个前提，就是未加注意的性状与其他选择性状之间没有相关，否则就不再是随机交配了。

随机交配的遗传效应是在后代中保持基因频率不变。因此，在保种群的选配中，应考虑利用随机交配。但实际的保种群又往往较小，因此，实践中，利用随机交配制订出一个选配计划后，还应结合亲缘选配的方法，考察这些交配组合间是否有近交，程度如何。应尽可能地避免近交，至少是高度近交。这样，便形成了不完全随机交配体制。

(2)系谱：同一种群的家畜，个体间存在一定程度的亲缘关系。具有一定血缘关系的个体间的交配，称为亲缘选配。相互有亲缘关系的个体之间必定有共同祖先。一般将与配双方到共同祖先的世代数在6代以内的交配，称为近亲交配，简称近交。否则，称为远亲交配，简称远交。近交的作用在于稳定遗传性，这是其优点，但也可能导致后代生活力降低，适应性变弱，体格变小，生产性能降低，即产生近交衰退。因此，近交一般只限于品种或品系培育时使用。

(3)表型：传统上，基于表型相似性的选配，称为选型交配或品质选配。这里的相似性是针对表型而言的。当然也可以是基于对表型的期望，即遗传预测值，也就是育种值的相似性。同质选配是指性状相同或性能表现一致的优秀个体间交配，以期在后代中保持和巩固这些性状，使优秀个体数量不断增加，群体品质进一步提高。异质选配是指具有不同优良性状或同一性状但优劣程度不一的个体间交配，以期获得兼备双亲不同优点的后代或以优改劣，提高后代的生产性能。

3. 选配原则

制订选配计划应坚持如下原则：

(1)严格根据选配目的制订选配计划，加强和巩固畜群的优良特性，克服其缺点。

(2)注意公母畜间的亲和力。亲和力，亦称基因的巧合能力，主要来自公母畜的互作效应。如果通过选种，选出了具有良好基因型的公母畜，通过选配，公母畜的良好遗传性可以得到相互补充，说明公母畜的亲和力大，可能得到优良基因型和表型的后代。否则，可能得不到理想的后代。要分析以往的选配效果，特别是种公畜的选配结果，最好选用那些与各母畜选配结果都较好的公畜。这一点对于有世代重叠的畜群非常重要。

(3)公畜的遗传素质要优于母畜。一般来说，畜群中，种公畜的数量较少，但对畜群的遗传改良至关重要，所以，公畜的遗传素质要优于母畜。在等级选配中，要求公畜等级高于母畜。对特级和一级公畜应充分使用，二、三级公畜有限制地使用，不能用低于母畜等级的公畜来交配。对于实行后裔测定进行遗传评估的种畜群，如奶牛，与配公牛必须经过后裔测定，而且产奶量、乳脂率、外貌的育种值或选择指数应高于母牛。

(4)避免相同缺点或相反缺点的个体间交配。利用具有相同缺点的个体交配，这些缺点必然在后代中积累和加强；利用相反缺点的个体间交配，也就是通常所说的“弥补选配”，试图以此获得中间类型,使双方的缺点在后代中得到纠正。这样的交配实际上并不能克服缺陷,相反,却有可能使后代的缺陷更加严重,甚至出现畸形。

(5)慎重使用近交。近交只宜在育种群必要时使用,它是一种局部而又短期内采用的方法。对于一般繁殖群,远交则是一种普遍而又长期使用的方法。即使在育种群中使用近交,也可灵活应用各种近交形式,根据实际需要控制近交的速度和时间。

(6)灵活应用品质选配。一般情况下,优秀的公母畜应进行同质选配,以在后代中巩固其优良品质。对品质欠佳的母畜,或为了特殊的育种目的才采用异质选配。另外,同质选配和异质选配是相对的,是针对某一性状而言的。对某一性状实行同质选配的同时,对其他性状则可能是异质的。例如,有头母猪肢势正常,但腹大背凹,选择一头肢势正常、腹紧背直的公猪与之交配。这里,对肢势这一性状是同质选配,而对背腰则是异质选配。

4.选配计划制订程序

(1)收集育种数据、系谱资料。

(2)了解整个畜群或品种的基本情况,包括其形成历史、现有生产水平、需要改进提高的地方。

(3)分析以往的交配结果,即根据后裔的表现,好的选配组合,继续利用。这就是所谓的“重复选配”方法,即重复选定同一公母畜组合配种。这对于有世代重叠的畜群,如牛群、羊群等特别有用。没有交配效果的母畜,可分析其同胞母畜曾与哪些公畜交配,其后代如何,大致作出是否可以交配的决策。

(4)分析即将参加配种的公母畜的系谱和个体品质(如体重、体尺、外形特征、生产性能、评定等级、选择指数、育种值等),掌握每个个体今后应保持的优点、所要克服的缺点和所要提高的品质。

(5)根据选配目的和性状的不同,合理利用不同选配方法,制订出选配计划。为了清楚起见,并为随后的选配计划提供依据,可用表格形式给出选配计划。表 23-1 和表 23-2 分别为牛和猪的一个选配计划样表,具体制订选配计划的技术人员可以参考。对于实际配种人员,有关表格还可以简单一些,表格中可以不包括特点、亲缘关系、上次选配情况、选配原因和目的等内容。

表 23-1　牛的选配计划表

母牛				与配公牛				亲缘关系	选配目的
牛号	品种	等级	特点	牛号	品种	等级	特点		

表 23-2　猪的选配计划表

母猪号	品种	预期配种期	主要特点	与配公猪				选配原因
				上次选配情况		本次选配计划		
				猪号	品种	主配	辅配	

(6)选配计划的修订。无论是何种选配方式,在制订好选配计划后,采取定期的检查制度是必要的。应定期对选配计划的执行情况进行逐头检查,发现偏离及时纠正。同时应备有完善的观测记录,以便对交配后出生的后代进行详细、准确的观测,从而说明选育效果。如达到预期选育目标,则说明选配计划是可行的。如偏离预定指标则需进行及时调查并在下次配种时加以注意。另外,如发生公畜精液品质变劣或伤残死亡等偶然情况,应及时对选配计划进行合理修订。

(二)设计提示

(1)在制订选配计划前,为保证选配计划能取得理想的效果,了解、搜集和分析畜群的有关情况是必需的。分析内容包括品种、种群、场群和个体历史情况,个体间的亲缘关系和系谱结构,以往选配的效果,生产性能上需巩固和发展的优点以及必须改进的缺点等。

(2)在制订选配计划时,应根据选配目的和性状的不同选用不同的选配方法。

①对于质量性状或简单遗传的性状,应清楚该性状涉及多少个基因座、每个基因座有多少等位基因、这些基因如何表达(如是完全显性还是部分显性等)、每一个体的基因型或可能基因型等。利用这些信息,根据遗传定律便可以确定哪一个交配组合的后代可能具有满意的基因型。

②对于数量性状,可以采用品质选配,也可以采用亲缘选配。一定情况下,还可以利用随机交配。应视具体情况而定。对于品质选配,在对每头公畜的优缺点进行充分分析的基础上,可对每头或每小群(按其父亲分群)母畜,以表格形式(表 23-3)分析其优缺点,以选配最合适的公畜。对于亲缘选配,可计算个体和群体的近交系数以及个体间的亲缘系数。根据个体间的亲缘关系,确定适宜的交配组合。对于群体规模小的畜群,为简明起见,也可以利用群体系谱来考察个体间的亲缘关系。

表 23-3 畜群优缺点分析表

母畜号或群别	要保留的特性	要提高改进的特性	要清除的缺点或缺陷

(3)选配计划应便于实际操作和进一步修订。与配公畜最好不止一个,即可以有主配公畜和辅配公畜。这样一旦某一主配公畜因某些原因不能利用时,还有替代公畜可以利用。选配计划执行过程中,如发现存在一定问题应及时修订,并尽可能在选配计划中以注意事项等形式给出预警方案。

(三)设计要求

(1)畜群有关情况概要。对现有畜群的育种资料进行分析,了解群体和个体的性能表现和优缺点。

(2)选配目的。结合育种目标和现有畜群情况,确定选配目的,即搞清群体或个体应保留的特性、需提高改进的特性以及需要清除的缺点。

(3)选配计划的格式。选配计划的最终形式可以是一个选配计划表。该表格的具体格式可因畜种、群体、选配目的等的不同而异。可包括每头公畜与配的母畜号(或母畜群别)、主要性能、选配目的、选配原则、亲缘关系、选配方法、预期效果等项目。

(4)注意事项。在以表格形式给出选配计划后,应说明该计划如何执行,执行中应注意哪些事项。

五、作业与思考

根据已掌握的有关选配知识,利用某一种畜场的实际育种资料,每个学生独立制订一个选配计划。在教师的指导下,就不同计划进行讨论,最后得出一个预期效果理想而又切实可行的选配计划。

实验二十四　引种计划的制订

一、实验目的

(1)掌握引种的概念及制订方法。
(2)能够根据所学知识制订引种计划。

二、实验内容

(1)引种的概念。
(2)注意事项。

三、实验仪器与材料

实验资料与数据。

四、实验原理与方法

(一)引种的概念

引种就是把外地或外国的优良品种、品系或类型引进当地,直接推广或作为育种材料的工作。引种时可以直接引入种畜,也可以引入良种公畜的精液或优良种畜的胚胎。

(二)引种前后应注意的事项

鉴于自然条件对品种特性有着持久的和多方面的影响,在引种中必须采取慎重态度。在引种前,首先应认真研究引种的必要性,必须切实防止盲目引种。

在确定需要引种以后,必须注意做好以下几点:

1. 正确选择引入品种

选择引入品种的主要依据是该品种具有良好的经济价值和育种价值,并有良好的适应性。为了正确判断一个品种是否适宜引入,最可靠的办法是首先引入少量个体进行引种试验观察,经实践证明其经济价值及育种价值良好,又能适应当地的自然条件和饲养管理条件后,再大量引种。

2. 慎重选择个体

在引种时对个体的选择,除注意品种特性、体质外形以及健康、发育状况外,还应特别加强系谱的审查,注意亲代或同胞的生产力高低,防止带入有害基因和遗传疾病。引入个体间一般不宜有亲缘关系,公畜最好来自不同品系,这样可使引入群体遗传基础广些,有利于今后选育。此外,年龄也需要考虑,一般选择幼龄家畜,因为有机体在其发育的过程中较易对新环境适应。

因此，从引种角度考虑，选择幼年强壮个体，有利于引种成功。

随着冷冻精液及胚胎移植的推广，采用引入良种公畜精液以及良种种畜的胚胎(受精卵)办法，可以节省引种成本和运输费用，更利于引种的成功。

3. 严格执行检疫制度

要切实加强种畜的检疫，严格实行隔离观察制度，防止疫病随引入家畜传入，这是引种工作中非常重要的一个环节。

引种规模的确定，一方面要考虑经济条件的允许程度；另一方面又要考虑小群体带来的近交程度增加的问题。所以要有一个适当的群体含量和近交增量，尤其是种公畜的数量不应太少。一般在良种群中需经常保持50头以上的母畜和3头以上的种公畜，才不至于由于近交系数的增长过快而造成严重不利影响。

五、作业与思考

在教师的指导下，根据所学知识，针对不同家畜具体引种需要，分别作出拟从国内和国外引种的具体计划。

实验二十五　品系培育方案的制订

家畜品系是指一群具有突出优点，并能将这些优点相对稳定地遗传下去的种畜群；在品种内部通过品系繁育建立一系列各具特点的品系，可使品种的异质性系统化，有利于促进现有品种的改良和新品种的形成。

品系通常分为地方品系、单系、近交系、群系和专门化品系；在这样的分类中，地方品系强调品系形成的条件及其差异；单系和群系则强调了品系培育的遗传基础的宽窄；近交系和群系则强调了建系的过程和方法；专门化品系则强调了品系的用途。因此，同一品系可以是这五类中的一类或几类。

专门化品系即是指生产性能"专门化"的品系，是随配套系杂交应运而生的，它是现代化高效畜牧生产的重要标志之一。这种方法根据家畜全部选育性状可以分解为若干组之原则，而建立各具一组性状的品系，分别作为母本和父本，然后通过父母本品系间的杂交，以获得优于常规品系的畜群。每个品系具有某方面的突出优点，承担着专门任务。

不同类型的品系其培育的方法亦不尽相同。地方品系形成过程中，不强调有意识的人工选育，单系培育采用系祖建系法，群系建立采用群体继代选育法，近交系采用近交建系法，而专门化品系的建立则可以采用系祖建系法、群体继代选育法和正反交反复选择法。

群体继代选育法是从选集基础群开始，然后实行闭锁繁育，并根据生产性能、体质外形、血统来源等进行相应的选种选配。它采用"无系祖建系"、综合选择指数和随机交配等措施，因而具有世代周转快、世代分明不重叠、育种群要求不大、方法简便易行等优点，在专门化品系培育中发挥着重要作用。

一、实验目的

(1)掌握群体继代选育法培育专门化品系的原理和方法。

(2)根据所学知识制订出品系培育的具体方案。

二、实验内容

(1)设计内容。

(2)设计提示。

(3)设计要求。

三、实验仪器与材料

实验资料与数据。

四、实验原理与方法

(一)设计内容

1. 品系培育背景及育种的目的与意义

当地家畜品种资源状况，自然条件和社会经济条件；

品系培育对当地畜牧业发展所产生的影响。

2. 育种场的基础状况

现有畜群状况：品种、数量、生产水平、整齐度等；

育种场的基础设施以及饲料来源等。

3. 育种目标的确定

根据育种场的畜群现状及技术经济条件，拟订选育的性状及其所要达到的预期目标。

4. 繁育方式

采用群体继代选育法，具体步骤与方法如下：

(1)明确建系目标。

(2)组建基础群。

(3)专门化品系的选择方案和选择方法。

(4)专门化品系的鉴定与维持。

5. 年度进展

在计划期内，根据不同畜种及其世代间隔，拟定年度进展。

6. 育种计划的实施

育种群建立、年度育种实施方案、育种计划的年度进展、技术资料的整理分析、育种场的育种记录档案、生物技术的应用、育种群的饲养。

7. 防疫与兽医卫生

坚持生产与防疫并重的原则，并建立严格的卫生防疫制度和完善的兽医卫生防疫体系。

8. 实施育种计划的组织领导与工作机构

成立由领导和技术人员组成的育种工作小组，以保证育种计划的顺利实施。

(二)设计提示

(1)认真调查研究和仔细查阅有关资料，为品系培育计划的制订做好充分的准备，保证所制订的培育方案切实可行。

(2)设计方案时应写清目的、原理、用品、步骤、数据处理方法、计算结果。

(3)实验报告的要求：

①格式规范，内容以事实为根据独立成章。

②“结果与分析”一栏可在实验小组内讨论，必要时也可以参考其他组数据(需注明)。

③“讨论”是一篇报告的核心，应紧扣结果联系相关理论进行，忌就事论事或离题万里。

(三)设计要求

1. 育种背景的调查

系统收集和分析有关畜禽的历史资料，认真研究其育种现状。因此，有必要了解下述情况：

(1)自然环境条件:尽可能发展适于本地区自然环境条件的动物生产。

(2)社会市场需要:动物生产只有提供能够满足当前社会市场需要的产品才是最有活力的。

(3)生产条件和技术水平:根据当前和今后生产条件和技术水平,进行品系培育。

(4)生产经营情况:掌握该畜种的生产现状、特点和发展趋势,估计投入与产出的相互关系,对正确判定育种目标是有益的。

2. 育种目标确立

应先确定育种的主攻方向,即可以根据动物的遗传特点或产销特点来确定。然后围绕主攻方向提出用若干具体指标来表现的育种目标。

3. 繁育方式

育种目标确立后,根据实际情况挑选素材,并采取群体继代选育法进行品系培育。

4. 品系培育条件的确定

包括自然环境条件与饲养管理条件。可考虑品系培育在与推广地区条件相等或较优的条件下进行。

5. 兽医卫生防疫

按照"动物防疫法""种畜禽管理条例"等法律、法规、规章及国家标准的有关规定实施,并根据育种场的疫病状况增加防疫内容,制订有效的防疫方案。

五、作业与思考

根据已掌握的理论基础知识,对当地某一畜禽场进行实际调查研究,制订合理而切实可行的品系培育方案。

实验二十六　杂交育种方案的制订

杂交育种是家畜育种工作中的一项重要内容，它可以是应用杂交改良家畜品质，也可以是通过杂交培育新的品种。它有力地推动着畜牧业的繁荣和发展，有效地满足工业生产和人民生活的需要。通过培育适合本地条件而又生产力高的家畜，有助于增加生产和发展生产。通过培育具有良好抗逆性的家畜新品种，有助于稳定高产。我国土地广阔，条件也较复杂，抗逆性家畜品种的培育有着相当重要的意义。培育能耐粗饲和利用饲料能力强的家畜品种，有助于利用自然资源发展生产。培育能生产新型产品的家畜品种，有助于扩大产品种类和发展生产。这对我国的畜牧业发展有着重大意义和直接作用。

根据已有的培育新品种的经验和当前畜牧科学进展的动态，培育家畜新品种的途径有选择育种、诱变育种、杂交育种和分子育种的新途径。选择育种历史悠久，是人们长期以来使用的方法，但由于需要时间长，效果不稳定，很难适应现代育种的要求。诱变育种和分子育种虽在植物、微生物等领域取得了较大的进展，但应用于家畜育种尚处在探讨之中。

家畜品种或品系间的杂交，不但用于产生杂种优势，也用于培育新品种，因为通过杂交易于获得所需要的变异，不少家畜新品种来自杂交育种，特别是近百年来应用更为普遍。这种杂交育种就是运用杂交能从 2 个或 2 个以上品种创造新的变异类型，并且通过育种手段能将它们固定下来的原理，而进行的一种新品种培育工作。这主要是由于不同的品种具有各自的遗传基础，通过杂交时的基因的重组能将各亲本的优良基因集中在一起，同时由于基因的互作可能产生超越亲本品种性状的优良个体，并且通过选种、选配和培育等育种手段可能使有益基因得到相对的纯合，从而能使它们具有相当稳定的遗传能力。目前，利用现有品种进行有目的的杂交育种，是培育家畜新品种工作中的一条重要且常用的途径。

一、实验目的

通过设计和制订动物杂交育种方案，深入地理解和掌握杂交培育新品种的主要步骤、不同时期的任务和重点以及主要技术措施。

二、实验内容

(1)设计内容。

(2)设计提示。

(3)设计要求。

三、实验仪器与材料

品种性能资料、系谱资料。

四、实验原理与方法

(一)设计内容

制订动物杂交育种方案包括杂交育种的意义、目的和作用;杂交育种的原则;杂交育种的主要步骤、每个阶段的任务及其主要技术措施;杂交培育新品种应注意事项;等等。

(二)设计提示

1.先大量查阅文献资料

2.在设计杂交育种方案中写清原理和目的

3.确定参与杂交畜种、品种及其基础群的数量和质量要求

4.确定杂交育种目标

(1)总体目标:如培育适应我国饲养环境的猪种为基本方向,在保持某猪种基本体型、外貌,无遗传缺陷的基础上,以繁殖、肥育和胴体3方面数量性状为改进重点,重视提高和改善猪肉质量。

(2)具体育种指标:

①繁殖性状;

②肥育性状;

③胴体性状;

④体型外貌。

5.杂交培育新品种的主要步骤

(1)杂交:杂交的方法采用引入杂交或级进杂交,选配主要采用异质选配,目的是通过杂交,使不同品种的基因重组,杂交后代中出现理想的个体。

(2)自群繁育:目的是通过理想杂种个体群内的自群繁育,使目标基因纯合和目标性状稳定遗传。主要采用同型交配方法或近交。

(3)扩群提高:目的是迅速增加其数量和扩大分布地区,培育新品系,建立品种整体结构和品种品质,完成一个品种应具备的条件。主要采用纯种繁育的方法。

6.杂交培育新品种应注意事项

(1)要慎重选择杂交用品种及个体。

(2)杂交要适当,固定理想型时要适当采用近交。

(3)对杂种要严格进行选留和认真培育。

(4)积极繁育理想型个体和大力推广理想型个体,及时建立品系,等等。

(三)设计要求

按制订的杂交育种方案的内容进行。

五、作业与思考

淮猪属于华北猪系统,黑色、体型中等,利用粗饲料及青饲料能力强、性成熟早、产仔数中等,但它生长缓慢、屠宰率不高。约克夏是大型猪,生长快、饲料利用率高,但不适宜粗放的饲养管理。新淮猪就是用淮猪和大约克夏杂交培育而成的。请以新淮猪的培育为例,制订其杂交育种的方案。

实验二十七　杂交组合试验的设计与实施

杂交效果可以通过亲本种群的表型值及其他的一些信息作出初步预测，但要找到最适宜的杂交方案和对更复杂的杂交方式下的杂种性能进行预估，还需进行具体的杂交实验以估计配合力。通过杂交组合可以充分利用种群间的互补效应，尤其可充分利用杂种优势，是动物育种的一种主要方式。

一、实验目的

(1)了解杂交组合的方式及方法。

(2)初步学会杂交组合试验的设计并注意和生产实践的结合。

二、实验内容

(1)设计内容。

(2)设计提示。

(3)设计要求。

三、实验仪器与材料

实验数据与实验畜种。

四、实验原理与方法

(一)设计内容

(1)实验畜种：猪。

(2)杂交品种及数目：杜洛克、长白、太湖猪。

(3)杂交方式：应用太湖猪为母本，以杜洛克、长白为父本进行三元杂交。即先由2个正交一代杂种猪(不设反交组合)分别与杜洛克，长白进行杂交，形成2个三元杂交组合，再设2个二元杂交组合及3个原品种亲本共7个组合配置，进行杂交组合育肥试验。

(二)设计提示

(1)设计方案中写清目的、原理、用品、步骤、数据处理方法、计算结果。

(2)进行方案设计时，要查阅相关的资料，做到方案设计合理。

(3)经教师审阅许可后，才可进行试验的实施。

(4)试验数据的记录要完整规范，内容表达准确，结果分析透彻，还要标明注意事项。

(三)设计要求

1. 试验动物

(1)参与杂交的各品种(系)必须具有本品种(系)的代表性,来源清楚,血统记录齐全。

(2)肥育试验猪应来自年龄相近的 2 头以上无血缘关系的公猪与配 4 头以上胎次相近的母猪所产仔猪。每个组合试验猪头数在 10 头以上,且性别比例及组间头数基本一致。

(3)试验猪生长发育正常、健康,组内(间)体重基本一致。

2. 试验方法

(1)生长肥育试验开始体重应为 25 kg,结束体重为 90 kg,也可根据品种(系)适宰体重为结束体重。

(2)试验猪的饲养管理条件应相对一致,饲粮营养水平参照“瘦肉型猪饲养标准”,统一设计饲料配方。

3. 测定项目

生长肥育性能应测定体重 25～90 kg 阶段的平均日增重和体重达 90 kg 的日龄、饲料利用率和胴体品质。

4. 试验原理

为表达清晰,最好用示意图来表示。同时,也要注意专业术语的正确应用。

5. 注意事项

最好要设计试验动物的代表性,试验设计的合理性与准确性,结果分析的客观性。

五、作业与思考

(1)应用 2 个或 2 个以上的母本品种(系)与 2 个或 2 个以上的父本品种(系)进行杂交组合试验,按双因子杂交试验设计。对试验结果可进行如下分析:估计杂交的直接效应;不同组合的杂种优势率;一般配合力与特殊配合力。

(2)讨论我国猪杂交模式目前的状况及未来的发展方向。

实验二十八　标记辅助选择及其应用

标记辅助选择(marker assisted selection,MAS)是指在未能测定所选目标性状(通常指数量性状)基因型时,利用已知的遗传标记(包括形态学标记、细胞学标记、生化遗传标记和DNA分子标记)与目标性状紧密连锁的关系,将遗传标记基因型的信息纳入个体的遗传评定中。

标记辅助选择一般用于数量性状的选择,控制数量性状的基因是微效多基因,这些基因往往相对集中分布于一个或多个染色体的某一或某些片段上,这些染色体片段称为数量性状基因座(quantitative trait loci,QTL)。但通常人们将那些可被检测出的、有较大效应的基因或染色体片段称为QTL。当一个QTL就是一个单基因时,它就是主效基因。若能直接测定QTL或主效基因的基因型,在选择时可直接选择具有理想基因型的个体——基因辅助选择。更普遍的情况是未能测定QTL基因型,但找到了一些QTL标记基因,并能测定标记基因的基因型,即可进行标记辅助选择(MAS)。

一、实验目的

(1)熟悉标记辅助选择的基本原理;

(2)掌握将标记效应或QTL效应作为固定效应的育种值估计方法。

二、实验内容

(1)基因辅助选择。

(2)标记辅助选择。

三、实验仪器与材料

(1)实验材料:遗传标记、生产性状的测定资料以及二者的相关信息资料。

(2)实验仪器设备:计算机及有关的分析软件(如SAS Ver.8统计分析软件)。

四、实验原理与方法

(一)基因辅助选择

基因辅助选择是最理想的情况,可直接选择QTL或主效基因的基因型。目前能用于家畜育种的QTL或主效基因主要有:猪的氟烷(Hal)基因、雌激素受体(ESR)基因、酸猪肉(RN)基因,羊的多羔(booroola)基因,肉牛的双肌臀(double muscling)基因等。上述基因都可利用PCR-RFLP技术检测其DNA分子中因发生某一点突变而产生的限制性片段长度多态性，由此判定基因型，再根据不同基因型个体的性能表现直接进行选择。

对 QTL 进行基因辅助选择存在一定风险，主要表现在以下 2 个方面：

第一，有的 QTL 或主效基因中可能存在多个点突变，这些突变都可能产生相同效应，要同时对某一 QTL 或主效基因的所有突变位点进行检测非常困难，而往往只针对其中 1 个突变位点检测其基因型，这就漏掉了在其他位点上发生突变的个体。

第二，若对 QTL 效应判定有误，错把微效甚至无效 QTL 当成主效 QTL 进行基因辅助选择，则会造成很大误差，因为选择的 QTL 可能与有效 QTL 处于另一种连锁状态。

(二)标记辅助选择(MAS)

当 QTL 的基因型不能直接测定，只能根据标记信息推测时，就可根据与 QTL 紧密连锁的 Marker 进行选择。

1. 标记辅助选择的前提条件

若 Marker 与 QTL 在传代过程中有可能发生重组，就会导致选择错误。因此，要进行标记辅助选择必须满足以下 3 个前提条件。

(1)父亲在 Marker 和 QTL 上都必须是杂合子。若 QTL 是纯合子，其后代在该 QTL 上的等位基因都相同，没有选择余地；若 Marker 是纯合子，则无法根据 Marker 来推断 QTL 等位基因的传递情况。因此必须保证父亲在 Marker 和 QTL 上都是杂合子，才能准确推断 QTL 在后代中的传递情况及其遗传效应，确保选择有效。

(2)父亲的 Marker 和 QTL 的连锁相已知。进行标记辅助选择之前，需要确定每个家系中亲本的 Marker 与 QTL 间的连锁相(相引相或相斥相)，否则在其后代中就无法根据 Marker 基因型进行选择。确定亲本的 Marker 与 QTL 连锁相至少需要 2 代的信息，根据后代中重组型个体的理论比率(<0.5)以及后代中携带不同 Marker 等位基因的个体在表型上的差异来推断父亲 Marker 与 QTL 的连锁关系。

(3)能准确判断后代从父亲获得了哪个 QTL 等位基因。最简单的办法是选择纯合子 Marker 基因型作母本，她传递给后代的 Marker 等位基因只有 1 个，很容易判断后代从父亲(杂合子)获得了哪个 Marker 等位基因，再根据父亲 Marker 与 QTL 的连锁相来推断后代从父亲获得了哪个 QTL 等位基因。

2. 标记辅助选择的策略

实施标记辅助选择的基本策略有下述 3 种。

(1)Marker-BLUP(MLUP)。当 QTL 的基因型能直接测定时，在常规 BLUP 的基础上加上标记的信息，即同时利用表型、系谱和标记的信息进行个体育种值估计。此时个体育种值由多基因育种值和 QTL 育种值 2 个部分组成，即

$$个体育种值=多基因育种值+QTL育种值$$

其中，“多基因育种值”是由所有其他基因效应所决定的育种值，“QTL 育种值”是在已知 QTL 上由 QTL 基因型所决定的育种值。由于有了标记信息，对 QTL 育种值可进行较为准确的估计(尤其在 QTL 基因型可以直接测定的情况下)，因而对个体总育种值的估计准确性也可望有所提高。

QTL 育种值和多基因育种值可按 BLUP 原则同时进行估计，所用模型的一般形式为：

$$\boldsymbol{y}=\boldsymbol{X}\boldsymbol{b}+\boldsymbol{W}\boldsymbol{q}+\boldsymbol{Z}\boldsymbol{a}+\boldsymbol{e}$$

式中：$\boldsymbol{y}$ 为性状观测值向量；$\boldsymbol{b}$ 为固定环境效应向量；$\boldsymbol{q}$ 为 QTL 效应向量；$\boldsymbol{a}$ 为多基因效应向量；$\boldsymbol{e}$ 为随机残差向量；$\boldsymbol{X}$、$\boldsymbol{W}$、$\boldsymbol{Z}$ 分别为 $\boldsymbol{b}$、$\boldsymbol{q}$、$\boldsymbol{a}$ 的关联矩阵。

与常规 BLUP 模型相比，该模型只是增加了 $\boldsymbol{W}\boldsymbol{q}$ 这一项，如果 QTL 的基因型能直接测定，亦即每个个体的 QTL 基因型已知，则可将 QTL 效应当成固定效应，$\boldsymbol{q}$ 是所有 QTL 基因型效应的向量，对此模型的分析和常规 BLUP 完全相同。

但当 QTL 的基因型不能直接测定，而只能根据标记信息推测时，问题要复杂得多，已超出本科教学范围，在此不加讨论。

(2)早期选择。遗传标记的最大特点是不受年龄的限制，这为我们进行种畜的早期选择创造了良好条件，尤其是对那些到个体发育的中后期才表达的性状、或需要进行后裔测定的性状，早期选择会大大缩短世代间隔。但是，早期选择的准确性要打一定折扣，除非标记 100% 准确，且标记基因与 QTL 完全连锁。为了减少早期选择造成的风险，除了利用标记信息外，还可尽量利用祖先、同胞等其他可利用的信息，或将早期选择与性能测定相结合，实施 2 阶段选择。

(3)2 阶段选择。在育种实践中，选种时不可能对每个个体都进行性能测定，但可对每个个体进行遗传标记检测。根据遗传标记检测结果，结合早期性状表现（如体型外貌、生长发育状况、主基因效应等）对种畜进行第一阶段选择（初选），将选出的个体进行性能测定，再根据性能测定结果用常规 BLUP 进行育种值估计，根据 BLUP 育种值进行第 2 次选择（终选）。2 阶段选择法充分利用了标记、自身性状表现、系谱、同胞、后裔等各方面的信息，减少了选择的随机性，提高了选择差和选择强度，最终提高了选择的准确性。

(三)利用遗传标记检测 QTL

要对数量性状进行标记辅助选择，首先要检测是否有 QTL 存在。目前借助分子生物学技术进行 QTL 检测的方法主要有候选基因法(candidate gene approach)和标记-QTL 连锁分析法 2 类。其中利用遗传标记座位等位基因与 QTL 等位基因之间的连锁不平衡关系，通过对遗传标记从亲代到子代遗传过程的追踪，分析它们在群体中的分离与数量性状表型之间的关系，据此推断是否有 QTL 存在、QTL 在染色体上的相对位置及其效应大小，这种分析方法称为标记-QTL 连锁分析法(marker-QTL linkage analysis)。

1. 试验设计

用标记-QTL 连锁分析法检测 QTL，需要有理想的遗传标记和合适的连锁不平衡（资源）群体，基于这 2 个前提，进行标记-QTL 连锁分析必须有合理的试验设计。现常用的试验设计大体可分为近交系或品系（种）杂交与家系试验设计两类。

(1)基于近交系或品系（种）杂交的试验设计：这类试验设计是用 2 个在所考察的数量性状上有较大差异（最好是处于两个极端）的近交系或品系或品种杂交，在此基础上可进行各种试验设计。其中最常用的是回交(Back Cross)（用杂交所得的 F_1 个体与 2 个亲本中的一个回交，利用回交后代的标记基因型信息和数量性状的表型信息进行标记-QTL 连锁分析设计）和 F_2 设计（将 F_1 个体互交产生 F_2 代个体，利用 F_2 代个体的标记基因型信息和数量性状的表型信息进行标记-QTL连锁分析)。

此外还有重组近交系(recombinant inbred lines)(将 F_2 代个体再行近交以重新构建近交系)、重复回交(repeated back cross)(回交后代再与某个亲本回交)、四元杂交(four-way cross)等设计。

基于近交系杂交的试验设计主要用于植物、实验动物和小家畜(如禽类)中,因为这类生物较易获得近交系,在高度近交的近交系中几乎所有的标记座位与QTL都处于纯合状态,用2个在不同等位基因上纯合的近交系杂交产生的 F_1 代将是100%的杂合体,由此产生的后代能提供标记与QTL的分离信息。这类设计的检测效率较高。对不易获得近交系的畜种(如猪、牛等),可用品系或品种杂交,此时虽然不能保证在品系或品种中所有的标记都是纯合的,但只要所用的2个品系在所考察的数量性状上有较大差异(如处于两个极端),它们在QTL上就可能是不同等位基因的纯合体。

(2)基于家系的试验设计:这类试验设计是直接用常规的育种群(通常是远交群体)作为资源群体,在远交的家畜群体中,各个家系中标记之间及标记与QTL之间的连锁状态是不同的,使整个群体基本处于连锁平衡状态,因而在远交群体中进行标记-QTL连锁分析时,其资源群体要以家系为单位。常用的试验设计主要有:

①半同胞家系(half-sib families)设计:将若干父系半同胞家系作为资源群体,利用父亲和其半同胞后代的标记信息及后代的数量性状表型信息来进行标记-QTL连锁分析。该方法主要用于肉牛和奶牛等单胎动物。

对于奶牛产奶性状QTL检测,由于公牛不能提供表型信息,可采用女儿设计(daughter-design)(利用公牛的半同胞女儿的标记和表型信息进行分析)或孙女设计(granddaughter-design)(利用公牛半同胞儿子的标记信息和这些儿子的女儿(公牛的孙女)的表型信息来进行分析)。

②全同胞家系(full-sib families)设计:将若干全同胞家系作为资源群体,利用亲本和其全同胞后代的标记信息及后代数量性状的表型信息来进行标记-QTL连锁分析。该方法主要用于鸡、猪等动物。

③混合家系(mixed families)设计:对于猪、鸡等动物,1头公畜的后代往往既有全同胞也有半同胞,因而可以同时利用全同胞和半同胞的标记和表型信息来进行标记QTL连锁分析。

一般说来,在远交群体中并非每个家系的亲本在所有标记座位或QTL上都是杂合的(如同近交系杂交所得的 F_1 代个体那样)。如果某一个座位只有2个等位基因,且群体处于Hardy-Weinberg平衡状态,则任一亲本在该座位上为杂合体的最大概率为0.5,而纯合子的后代不能提供任何关于基因分离的信息。因此,家畜的标记-QTL连锁分析的效率较植物低,且分析的难度较大。

2. QTL检测及QTL参数估计

对于不同的试验设计有不同的QTL检测和QTL参数估计方法,在此仅以基于近交系的回交设计为例,简要介绍标记-QTL连锁分析的基本思路和方法。

(1)单标记分析(single marker analysis):假设在2个亲本近交系中,在所考察的数量性状上的差异主要由一个 QTL 引起，该 QTL 与一个标记连锁，它们之间的重组率为 r。由于是近交系，可假定它们在标记和 QTL 上都已完全固定，因而可假定在第 1 个亲本系（P_1）中，所有个体的标记和 QTL 基因型为，$\frac{M_1Q_1}{M_1Q_1}$，该数量性状的分布为 $N(\mu_1,\sigma^2)$；在第 2 个亲本系（P_2）中，标记和 QTL 的基因型为 $\frac{M_2Q_2}{M_2Q_2}$，数量性状的分布为 $N(\mu_2,\sigma^2)$。在 F_1 群体中，标记和 QTL 的基因型为 $\frac{M_1Q_1}{M_2Q_2}$，数量性状的分布为 $N(\mu_1,\sigma^2)$。F_1 与 P_1 回交，因标记和 QTL 之间可能发生重组，F_1 个体可能提供 4 种配子，2 种亲本型 M_1Q_1 和 M_2Q_2 $\left(概率均为\frac{1}{2}(1-r)\right)$ 和 2 种重组型 M_1Q_2 和 M_2Q_1 $\left(概率均为\frac{1}{2}r\right)$，而 P_1 个体只能提供 1 种配子 M_1Q_1，因而在回交群体中可能的标记和 QTL 的联合基因型只有 4 种。

但 QTL 基因型是无法观测的，只能测定标记基因型，并将回交群体中的个体按标记基因型分成 2 组，如图 28-1 所示，图中的 $Q_?$ 表示 QTL 等位基因未知，既可能是 Q_1，也可能是 Q_2。

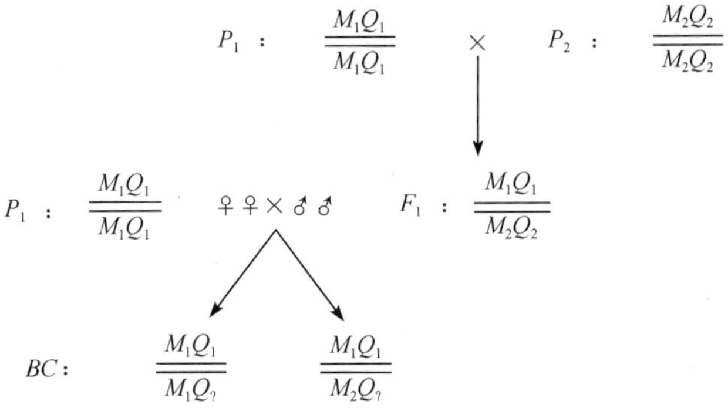

图 28-1　回交设计中的标记和 QTL 基因型

回交后代按标记基因型分成 2 组的个体 QTL 基因型和数量性状理论分布如表 28-1 所示。如果 2 个亲本系间的差异确实主要由该 QTL 引起，而且该 QTL 确实与标记连锁（$r<0.5$），则 2 组个体的平均数就会有差异，据此可用均数差异显著性检验的 t 检验法进行检验。

表 28-1　回交后代中 2 种标记-QTL 基因型及其分布

标记基因型	QTL 基因型	条件概率	数量性状分布
M_1M_1	Q_1Q_1	$(1-r)$	$(1-r)N(\mu_1,\sigma^2)+$
	Q_1Q_2	r	
M_1M_2	Q_1Q_1	r	$rN(\mu_1,\sigma^2)+$
	Q_1Q_2	$(1-r)$	

无效假设 $H_0:\mu_{M_1M_1}\mu_{M_1M_2}=0$，备择假设 $H_A:\mu_{M_1M_1}-\mu_{M_1M_2}\neq 0$。

$$t=\frac{\overline{x}_{M_1M_1}-\overline{x}_{M_1M_2}}{\sqrt{\frac{(n_1-1)s_{M_1M_1}^2+(n_2-1)s_{M_1M_2}^2}{n_1+n_2-2}\left(\frac{1}{n_1}+\frac{1}{n_2}\right)}}$$

式中：$\overline{x}_{M_1M_1}$ 和 $\overline{x}_{M_1M_2}$ 分别为标记基因型 M_1M_1 和 M_1M_2 的个体性状表型均数，n_1 和 n_2 分别为 M_1M_1 和 M_1M_2 两种基因型的个体数，$s_{M_1M_1}^2$ 和 $s_{M_1M_2}^2$ 分别为两组个体的样本方差。n_1+n_2-2 为 t 分布的自由度。

若 t 检验差异显著，说明 $\mu_{M_1M_1}-\mu_{M_1M_2}\neq 0$，且 QTL 与标记基因连锁($r<0.5$)。据此只能判断是否有与标记连锁的 QTL 存在，却无法得到 r 和 QTL 基因的平均效应估计值。

单标记分析比较简单，但只能检测是否有 QTL 存在，而不能对 QTL 进行定位(locating)。当标记距 QTL 较远或 QTL 的效应较小时，用单标记分析无法检测出 QTL，因此单标记分析法的检测效率较低。为了克服该标记法的不足，可采用区间定位法进行分析。

(2)区间定位(interval mapping)分析：若有已知的标记连锁群（标记之间的排列顺序和相互间的距离已知），可根据三点测交的基本原理，利用双标记进行 QTL 基因定位，即依次在由相邻标记构成的区间内，通过分析两个侧翼标记的信息来检测 QTL。例如，假设有 $M-N-U-S$ 标记序列，即可依次在 (M,N)、(N,U)和(U,S) 区间内检测 QTL；在每一区间内，假设其中的某一位置上有一个 QTL 存在，并针对该假设计算一个检验统计量，以一定的步长(假如 1 cm)将 QTL 的假设位置逐步地从区间的一端向另一端移动，在计算每一点的检验统计量值并加以比较，找出其中最大的检验统计量，如果其数值大于给定的显著临界值，则认为在该区间存在一个 QTL，该最大检验统计量所对应的位置(以 QTL 与标记之间的重组率或图距来度量)就是 QTL 在该区间中位置的估计值。

对任一标记区间(M,N)，两个标记之间的重组率为 R(已知)，设有一 QTL 位于它们之间的某一位置，QTL 与标记 M 之间的重组率为 r_1，与 N 之间的重组率为 r_2。假定无干涉，根据 Haldane 的图距函数，$R=r_1+r_2-2r_1r_2$。

设两个近交亲本系中的标记-QTL 基因型为 $M_1Q_1N_1/M_1Q_1N_1$ 和 $M_2Q_2N_2/M_2Q_2N_2$，在 F_1 中则为 $M_1Q_1N_1/M_2Q_2N_2$。如果 F_1 与第一亲本回交，回交后代可能有 4 种标记基因型，8 种标记-QTL 基因型(如图 28-2，$Q_?$ 既可是 Q_1 也可是 Q_2)，其群体遗传结构如表 28-2 所示。

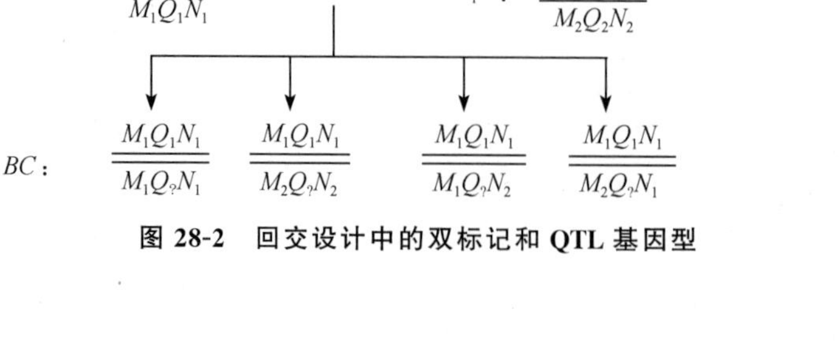

图 28-2 回交设计中的双标记和 QTL 基因型

表 28-2　双标记-QTL 回交后代群体遗传结构(假定无干涉)

标记基因型	标记-QTL 基因型	频率	观测数	百分比	标记基因型频率	组合类型
M_1N_1/M_1N_1	$M_1Q_1N_1/M_1Q_1N_1$	$(1/2)(1-r_1)(1-r_2)$	Y_1	P_1	$(1-R)/2$	亲本型
	$M_1Q_1N_1/M_1Q_2N_1$	$(1/2)r_1r_2$	Y_8	P_8		双交换
M_1N_1/M_2N_2	$M_1Q_1N_1/M_2Q_2N_2$	$(1/2)(1-r_1)(1-r_2)$	Y_2	P_2	$(1-R)/2$	亲本型
	$M_1Q_1N_1/M_2Q_1N_2$	$(1/2)r_1r_2$	Y_7	P_7		双交换
M_1N_1/M_2N_1	$M_1Q_1N_1/M_2Q_1N_1$	$(1/2)r_1(1-r_2)$	Y_3	P_3	$R/2$	单交换Ⅰ
	$M_1Q_1N_1/M_2Q_2N_1$	$(l/2)(1-r_1)r_2$	Y_5	P_5		单交换Ⅱ
M_1N_1/M_1N_2	$M_1Q_1N_1/M_1Q_2N_2$	$(1/2)r_1(1-r_2)$	Y_4	P_4	$R/2$	单交换Ⅰ
	$M_1Q_1N_1/M_1Q_1N_2$	$(1/2)(1-r_1)r_2$	Y_6	P_6		单交换Ⅱ
	合 计	1	T	1	1	

从表 28-2 可知：$P_1+P_2+P_7+P_8=(1-r_1)(1-r_2)+r_1r_2$

$$P_1+P_2-P_7-P_8=(1-r_1)(1-r_2)-r_1r_2$$

按照 Zhang 等(1992)、Hu 等(1995)和李宏(2000)的方法，QTL 的取值由该数量性状的表型值代替，对标记座位赋值：

$$M_1M_2N_1N_2\rightarrow 1+1=2 \qquad M_2M_2N_2N_2\rightarrow(-1)+(-1)=-2$$

$$M_1M_2N_2N_2\rightarrow 1+(-1)=0 \qquad M_2M_2N_1N_2\rightarrow(-1)+1=0$$

由这种赋值后的成对数据可求出区间与 QTL 间的简单相关系数 r，其遗传学期望值为：$E(r)=\dfrac{(1-r_1)(1-r_2)-r_1r_2}{\sqrt{(1-r_1)(1-r_2)+r_1r_2}}$，其估计值为：$r=\dfrac{P_1+P_2-P_7-P_8}{\sqrt{P_1+P_2+P_7+P_8}}$。

由统计学知识，抽样方差为：$S_r^2=\dfrac{1-r^2}{N-2}$。

据此可用 t 统计量检验区间标记与 QTL 间的连锁是否存在，即

$$t_{(r)}=\frac{r}{\sqrt{\dfrac{1-r^2}{N-2}}}=\sqrt{\frac{[(1-r_1)(1-r_2)-r_1r_2]^2(N-2)}{[(1-r_1)(1-r_2)+r_1r_2]-[(1-r_1)(1-r_2)-r_1r_2]^2}}$$

式中 N 为样本含量，检测连锁必需的样本大小为：$N>\left(\dfrac{1}{r^2}-1\right)t_{(r)}^2+2$。

通过检验，判定区间标记与 QTL 间的连锁关系是否存在。若存在，再根据表 28-2 中各标记基因型频率计算标记与 QTL 间的重组率 r_1 和 r_2。

五、作业与思考

(1)利用基于近交系的回交设计和单标记分析方法检测 QTL。设第 1 个近交系(P_1)的标记基因型为 MM，第 2 个近交系(P_2)的标记基因型为 mm，F_1 个体与 P_1 回交，在回交群

体中，标记基因型为 MM 的个体和基因型为 Mm 的个体数量、性状表型均数及标准差如下表：

标记基因型	数量	性状表型平均数	标准差
MM	95	13.5	4.6
Mm	101	10.6	4.4

请根据这些数据分析对该性状是否可能有 QTL 存在。

(2)仍利用近交系的回交设计，现考虑 2 个标记，设在 P_1 中标记基因型为 M_1N_1/M_1N_1，在 P_2 中标记基因型为 M_2N_2/M_2N_2，已知标记之间的距离为 20 cm，设在回交群体中各个体的标记基因型与表型值如下：

标记基因型	M_1N_1/M_1N_1	M_1N_1/M_2N_2	M_1N_1/M_2N_1	M_1N_1/M_1N_2
表型均值	9.3　8.8	9.7　10.3	9.8　9.2	10.2　9.5

试检验在距第 1 个标记 8 cm 处是否可能有 QTL 存在。

附录Ⅰ　矩阵运算基础及 MATLAB 应用

一、矩阵的运算基础

(一)纯量,矩阵与向量

(1)只有大小的一个数值称为纯量(scalar),也称为标量,数量或无向量。纯量除用数字表示外,也可用经过定义的拉丁字母来表示,例如 m 代表质量,t 代表时间,b 代表任一数等。有时也将定义的缩写直接代表纯量,例如 SSE 代表误差平方和,用 F 代表 F 分布中的数。

(2)由一定行数和一定列数的纯量,按一定顺序排列的矩形阵表称为矩阵(matrix)。矩阵一般均用大写字母表示,如:$\boldsymbol{A}$,$\boldsymbol{R}$,$\boldsymbol{G}$ 等,任一矩阵可一般地表示为

$$\boldsymbol{A}=\{a_{ij}\}=\begin{bmatrix} a_{11} & a_{12} & \cdots & a_{1m} \\ a_{21} & a_{22} & \cdots & a_{2m} \\ \vdots & \vdots & & \vdots \\ a_{n1} & a_{n2} & \cdots & a_{nm} \end{bmatrix}$$

矩阵中的每一个纯量称为矩阵的元素,通常用 a_{ij} 表示矩阵 A 的第 i 行和第 j 列的元素。矩阵的大小,即它的行数和列数,称为矩阵的维数或阶数,通常用 $A_{n\times m}$ 来表示矩阵 A 有 n 行和 m 列。

(3)仅有一列或一行的矩阵称为向量(vector),前者称为列向量(column vector),后者称为行向量(row vector)。向量用小写拉丁字母或希腊字母表示。为区别行向量和列向量,通常在字母的右上角加一撇表示行向量,如 b',y',β'等,不加撇则表示列向量。

(二)一些特殊的矩阵

(1)方阵(square matrix):行数与列数相等的矩阵,$\boldsymbol{A}_{n\times n}$。

(2)对称阵(symmetric matrix):元素间满足于 $a_{ij}=a_{ji}$ 的方阵。

(3)三角阵(triangular matrix):分上三角阵和下三角阵 2 种,前者是当 $j<i$ 时,$a_{ij}=0$;后者是当 $i<j$ 时,$a_{ij}=0$。

(4)对角阵(diagonal matrix):除 $i=j$ 时的元素(主对角线元素)外,其他元素均为 0 的方阵,即 $a_{ij}=0(i\neq j)$。

(5)单位阵(identity matrix 或 unit matrix):所有主对角线元素均为 1($a_{ii}=1$)的对角阵,记为 $\boldsymbol{I}$。

(6)零阵(null matrix):所有元素均为 0 的矩阵。即 $a_{ij}=0$。

(三)矩阵的运算

1. 乘法

(1)只有当矩阵 $\boldsymbol{A}$ 的列数与矩阵 $\boldsymbol{B}$ 的行数相等时才能相乘,即 $\boldsymbol{A}_{m\times n}\cdot\boldsymbol{B}_{n\times s}=\boldsymbol{C}_{m\times s}=\{c_{ij}\}$ $(i=1,2,\cdots,m;j=1,2,\cdots,s)$。其中 $c_{ij}=a_{i1}b_{1j}+a_{i2}b_{2j}+\cdots+a_{in}b_{nj}=\sum_{k=1}^{n}a_{ik}b_{kj}$。

(2)矩阵的乘积一般不适合交换律，即 $\boldsymbol{AB} \neq \boldsymbol{BA}$；但矩阵乘法满足结合律，即 $(\boldsymbol{AB})\boldsymbol{C}=\boldsymbol{A}(\boldsymbol{BC})$；矩阵的乘法对加法适合分配律，即 $(\boldsymbol{A}+\boldsymbol{B})\boldsymbol{C}=\boldsymbol{AC}+\boldsymbol{BC}$，$\boldsymbol{C}(\boldsymbol{A}+\boldsymbol{B})=\boldsymbol{CA}+\boldsymbol{CB}$。

(3)矩阵乘法的一些规律：

①一矩阵被一行向量左乘，其乘积为一行向量，即

$$\boldsymbol{a}'_{1\times c}\boldsymbol{B}_{c\times r}=p'_{1\times r}$$

②一矩阵被一列向量右乘，其乘积为一列向量，即

$$\boldsymbol{A}_{r\times c}\boldsymbol{b}_{c\times 1}=p_{r\times 1}$$

③一行向量被一列向量右乘，其乘积为一纯量，即

$$\boldsymbol{a}'_{1\times c}\boldsymbol{b}_{c\times 1}=p$$

④一列向量被一行向量右乘，其乘积为一矩阵，即

$$\boldsymbol{b}_{c\times 1}\boldsymbol{a}'_{1\times r}=P_{c\times r}$$

⑤一矩阵与一纯量相乘，其乘积为该矩阵的每一元素与该纯量相乘，即

$$a\boldsymbol{B}=\boldsymbol{C}=\{ab_{ij}\}$$

⑥一矩阵被一零阵左乘或右乘，其乘积为一零阵，即

$$\boldsymbol{0}_{c\times r}\boldsymbol{A}_{r\times s}=\boldsymbol{0}_{c\times s}, \boldsymbol{A}_{r\times s}\boldsymbol{0}_{s\times p}=\boldsymbol{0}_{r\times p}$$

⑦一矩阵被一单位阵左乘或右乘，其乘积仍为原矩阵，即

$$\boldsymbol{I}_p\boldsymbol{A}_{p\times q}=\boldsymbol{A}_{p\times q}\boldsymbol{I}_q=\boldsymbol{A}_{p\times q}$$

2. 加法

当矩阵 $\boldsymbol{A}$ 与 $\boldsymbol{B}$ 同阶时，$\boldsymbol{A}+\boldsymbol{B}=\{a_{ij}+b_{ij}\}$。

(四)转置(transpose)

(1)矩阵的行与列对调即为转置。通常用 $\boldsymbol{A}'$或 $\boldsymbol{A}^T$ 表示。即

$$(\boldsymbol{A}_{m\times n})'=\boldsymbol{A}_{n\times m}=\{a_{ji}\}$$

(2)性质：

①当 $\boldsymbol{A}$ 矩阵为对称方阵时，$\boldsymbol{A}'=\boldsymbol{A}$；

②$(\boldsymbol{A}')'=\boldsymbol{A}$；

③$(\boldsymbol{AB})'=\boldsymbol{B}'\boldsymbol{A}'$；

④$(\boldsymbol{AB}'\boldsymbol{C})'=\boldsymbol{C}'\boldsymbol{BA}'$；

⑤$(\boldsymbol{A}+\boldsymbol{B}+\boldsymbol{C})'=\boldsymbol{A}'+\boldsymbol{B}'+\boldsymbol{C}'$。

(五)逆矩阵(inverse matrix)

(1)对于一方阵 $\boldsymbol{A}$，若存在另一矩阵 $\boldsymbol{B}$，使得 $\boldsymbol{BA}=\boldsymbol{I}$，则称 $\boldsymbol{B}$ 为 $\boldsymbol{A}$ 的逆矩阵，并通常将它表示为 $\boldsymbol{A}^{-1}$，即 $\boldsymbol{A}^{-1}\boldsymbol{A}=\boldsymbol{I}$。

(2)$\boldsymbol{A}^{-1}$ 存在的先决条件：

①$\boldsymbol{A}$ 必须是一方阵；

②$\boldsymbol{A}$ 的行列式$|\boldsymbol{A}|\neq 0$，即 $\boldsymbol{A}$ 为非奇异阵。

(3)$\boldsymbol{A}^{-1}$ 具有如下性质：

①$\boldsymbol{A}^{-1}\boldsymbol{A}=\boldsymbol{A}\boldsymbol{A}^{-1}=\boldsymbol{I}$；

②$\boldsymbol{A}^{-1}$ 是唯一的，即 $\boldsymbol{A}$ 只有一个逆矩阵；

③$|\boldsymbol{A}^{-1}|=\frac{1}{|\boldsymbol{A}|}$；

④$(\boldsymbol{A}^{-1})^{-1}=\boldsymbol{A}$，因而 $\boldsymbol{A}^{-1}$ 也是非奇异阵；

⑤$(\boldsymbol{A}')^{-1}=(\boldsymbol{A}^{-1})'$；

⑥如 $\boldsymbol{A}$ 为对称阵，则 $\boldsymbol{A}^{-1}$ 也是对称阵；

⑦若 $\boldsymbol{A}$、$\boldsymbol{B}$ 两矩阵均可逆，则$(\boldsymbol{AB})^{-1}=\boldsymbol{B}^{-1}\boldsymbol{A}^{-1}$。

二、MATLAB 的应用

(一)概述

MATLAB(Matrix Laboratory，即"矩阵实验室")是由美国 Math works 软件公司开发的目前最优秀的科学计算软件。MATLAB 强大的计算功能，丰富、方便的图形功能以及编程效率高、扩充能力强、语句简单、易学易用等优点，正是它备受欢迎的原因。MATLAB 的内容几乎涵盖了所有的数学知识门类：初等数学、高等数学、高等代数、线性代数、向量代数、复变函数、积分变换、模糊数学、计算方法等等，不一而足。其广泛应用于工业界和学术界，主要用于矩阵运算，同时在数值分析、自动控制模拟、数字信号处理、动态分析、绘图等方面也具有强大的功能。

(二)应用

在 MATLAB 中凡是涉及线性代数范畴的问题，其运算则是以矩阵作为基本的运算单元，而且矩阵运算是从把矩阵整体当作一个特殊的量这个基点出发，依照线性代数的规则来进行的运算。因此，我们可以直接利用 MATLAB 进行矩阵运算。

(1)矩阵的 MATLAB 表达式的书写特点是：矩阵必须用一方括号括起来，行之间用分号隔开，一行的元素之间用逗号或空格分隔。

(2)矩阵的逆矩阵运算

①矩阵的逆矩阵运算条件是：对象 $\boldsymbol{A}$ 必为方阵且方阵 $\boldsymbol{A}$ 的行列式$|\boldsymbol{A}|\neq 0$，即 $\boldsymbol{A}$ 为非奇异阵，其运算规则为

$$\boldsymbol{A}^{-1}=\frac{1}{|\boldsymbol{A}|}\boldsymbol{A}^{*}$$

式中：$\boldsymbol{A}^{-1}$ 为方阵 $\boldsymbol{A}$ 的逆矩阵，$\boldsymbol{A}^{*}$ 为方阵 $\boldsymbol{A}$ 的伴随矩阵，$|\boldsymbol{A}|$为方阵 $\boldsymbol{A}$ 的行列式。

②在 MATLAB 中，我们可以直接计算矩阵的逆矩阵，其函数命令为 inv()，其调用格式为 inv($\boldsymbol{A}$)，函数的输入参量 $\boldsymbol{A}$ 是逆矩阵的对象矩阵，返回的就是对象矩阵 $\boldsymbol{A}$ 的逆矩阵。请看以下示例。

已知矩阵 $\boldsymbol{A}=\begin{bmatrix}1 & 1 & 1\\ 2 & -1 & 1\\ 1 & -2 & -1\end{bmatrix}$，试计算 $\boldsymbol{A}$ 的逆矩阵。

【解】

用以下 MATLAB 语句进行矩阵的逆矩阵运算：

A＝[1 1 1;2 －1 1;1 －2 －1]

inv(**A**)

语句执行结果

$$\boldsymbol{A}=\begin{matrix}1 & 1 & 1\\ 2 & -1 & 1\\ 1 & -2 & -1\end{matrix}$$

$$\text{ans}=\begin{matrix}1.0000 & -0.3333 & 0.6667\\ 1.0000 & -0.6667 & 0.3333\\ -1.0000 & 1.0000 & -1.0000\end{matrix}$$

附录Ⅱ　约束最大似然法混合模型分析软件——WOMBAT 简介

WOMBAT 是由澳大利亚新英格兰大学的 Karin Meyer 开发的用来估计呈正态分布性状的方差-协方差组分和遗传参数的软件。该软件是 DFREML 的替代软件，旨在利用动物育种数据估计方差组分及由此产生的遗传参数。它也可以作为一个广义最小二乘软件得到固定效应的 BLUE(最佳线性无偏估计)值和随机效应 BLUP(最佳线性无偏预测)值。此外，在给定数据和系谱结构时，该软件还可以模拟数据。配合相对简单的模型，该软件非常适合分析来自动物遗传改良方案中的中等到大的数据集。

WOMBAT 由一个程序组成。数据和系谱文件、记录格式、分析类型、配合的模型以及初值均由参数文件给出。利用大量的选项，可以选择不同的分析步骤、似然函数最大化的 REML 算法、混合模型方程组的重排策略以及模型的参数化设置。

WOMBAT 可配合标准线性模型和随机回归模型进行单性状和多性状遗传分析，允许对协方差矩阵进行满秩和降秩估计。其中，模型中，可以配合多个交叉分组的固定效应和固定效应间的一级互作。协变量可配合为交叉分组效应或某一固定效应各水平内的套效应。同样，WOMBAT 可以配合多种随机效应。这些效应的分布可以与一个单位矩阵、个体间的分子血缘相关矩阵或任意的、由用户提供的对称矩阵成比例。

对于方差组分估计，WOMBAT 整合了平均信息(AI)算法、期望最大化(EM)算法以及参数扩展的 EM 算法(PX-EM)。此外，WOMBAT 还提供了利用 Powell 方法或单纯形法进行非求导(DF)的 REML 算法。软件默认的分析方法是先利用 PX-EM 算法进行较少次数的迭代，然后利用 AIREML 算法直到收敛。

对于 BLUP 育种值，WOMBAT 可以在方差组分估计的同时，利用最后迭代得到的方差组分估计，也可以利用参数文件中由用户提供的初值最为方差组分的真值估计，只是在运算时，需加一个“-BLUP”选项。

WOMBAT 可从 http://agbu. une. edu. au/～kmeyer/wombat. html 下载。

一、参数文件的建立

利用 WOMBAT 进行育种数据处理的关键是建立一个适宜的参数文件。参数文件的扩展名为“. par”。WOMBAT 默认的参数文件为 wombat . par，但是文件名可由用户定义。

(一)建立参数文件的一般规则

(1)行的长度：每行 78 个字符，即第 79 列及其以后的内容被忽略。

(2)说明语句：第 1 列为“#”的语句为说明语句，不执行运算.

(3)信息代码：WOMBAT 通过每行开始的特定代码来区分不同类型的信息，有效代码见表Ⅱ-1。代码与随后的信息间由空格分开。代码对大小写不敏感。

(4)变量和文件名：文件名和变量名的长度分别不超过 30 个和 20 个字符。二者对大小写均是敏感的。

表Ⅱ-1 WOMBAT参数文件的有效代码

代码	在如下语句内	用以说明	缩写
COMMENT	—	说明语句行	COM
PEDS	—	系谱文件名	PED
DATA	—	数据文件名	DAT
TRNOS	DAT	性状数(成组输入时)	TRN
NAMES	DAT	多列名(成组输入时)	NAM
ANALYSIS	—	分析类型代码	ANA
MODEL	—	分析模型	MOD
FIX	MOD	固定效应名	
COV	MOD	固定协变量名	
RAN	MOD	随机效应名	
RRC	MOD	控制变量名	
EXT	MOD	额外变量名	
TRAIT	MOD	性状名	TR
ZEROUT		设置为零的固定效应水平	ZER
PSEUDOFX		作为固定效应的随机效应水平	PSE
SE+USR		用户定义的其他协方差函数	SE+
SUM	SE+	加权和	
VRA	SE+	方差比	
COR	SE+	相关	
VARIANCE	—	随机效应的方差-协方差	VAR
RESIDUAL	—	残差方差-协方差	RES
ERROR	—	误差方差-协方差	ERR
END		结束语句	

(二)参数文件的具体说明

1.分析类型

用于说明分析类型的代码如下：

①UNI:位于代码 ANALYSIS(或 ANA)后,用于单变量分析；

②MUV:位于代码 ANALYSIS(或 ANA)后,用于标准多变量分析；

③RR:位于代码 ANALYSIS(或 ANA)后,用于单性状随机回归分析；

④MRR:位于代码 ANALYSIS(或 ANA)后,用于多性状随机回归分析；

⑤除 UNI 外,如上其他代码后,加上 PC 可以对配合的某些随机效应进行主成分分析,并由此产生协方差矩阵的降秩估值,对于 MUV 和 MRR,还必须给出所分析的性状数。

如 ANALYSIS MUV PC 8 表示一个 8 性状降秩多变量分析。

2.系谱文件

系谱文件只能有一个,位于代码 PEDS(或 PED)后。它是一个可选项,只有在对随机效应的协方差结构指定了 NRM(分子血缘相关矩阵)代码后才是必需的。

如果配合的是公畜模型,文件名还须给出 SIREMODEL(或 SIR)代码。

3. 数据文件

数据文件是一块输入格式,以代码 DATA(或 DAT)开始,其后为数据文件名。数据文件的记录格式有两种:

(1)简单格式。每个性状依次输入,每列数据都有一个参数文件行,直到分析的最后一列。各行有 3 部分组成:

①代码 TR_n。n 为性状数,单变量分析时可缺省。

②该列所表示的变量名。

③最大水平数:这在该列表示分析模型中的固定效应和随机效应或随机回归分析中控制变量时是必要的。

该输入块以代码 END 结束。

(2)紧凑格式。如果多个性状具有相同的记录格式,可以对整组性状指定一个参数文件输入格式。在文件名后给出代码 GRP,表示成组性状。对于每组性状,需给出如下行:

①以 TRNOS(或 TRN)开始的起始行,同行给出性状数。

②具有相同记录格式的性状,就其数据文件的每一列给出一个参数文件行。各行包括变量名和最大水平数(空格分开)。

③各性状的名称在代码 NAMES(或 NAM)后,同行空格给出。

该输入块以代码 END 结束。

4. 分析模型

分析模型也使一块输入格式。以 MODEL(或 MOD)开始,以 END 结束。模型中所配合的每个效应和每个分析性状分别由一个参数文件行说明。

(1)配合的效应。每一"效应"行应包含:三字母效应类型代码;效应名(必须与 DATA 块中的名称完全相同);如果该效应只是给部分性状配合的,必须给出这些性状的顺序号。

①固定效应。可以是交叉分组的或嵌套的固定效应或协变量。

FIX:指定一个固定效应。

COV:指定一个固定协变量。效应名的形式为"vn(n,BAF)"其中 vn 为变量名,n 为配合度,而不是配合阶数。如对于多项式,$n=2$ 表示二次回归。WOMBAT 默认的是不给每个协变量配合截距。如一定要配合截距,可在 n 之前加一个负号。BAF 表示描述用于分析的基础函数的三字母代码。基础函数的有效代码如下:

POL:一般多项式(软件默认,可缺省,即"vn(n)"相当于"vn(n,POL)")。

LEG:Legendre 多项式。

SPL:样条函数。

USR:用户定义的函数。

嵌套于某一固定效应内的协变量可表示为"vn1 * vn2(n,BAF)",其中 vn1 表示固定效应名。如果 vn1 没有配合为固定效应,则必须为其指定一个"额外"效应。

②随机效应:随机效应用代码 RAN 指定,随后为随机效应名,最后为描述随机效应协方差结构的字母代码。

对于标准的单变量和多变量分析,随机效应名就是数据文件中给出的变量名。协方差结构的有效代码为:

NRM:描述随机变量的分布与分子血缘相关矩阵成比例。

IDE:表示随机效应的不同水平间不相关。程序默认,可以缺省。

GIN:表示随机效应的分布与一个任意的协方差矩阵成比例。用户必须提供这一矩阵的逆。

FEQ:表示涉及重复记录数据的个体的永久环境效应。在对单一记录性状和重复记录性状同时进行分析时应用。

对于随机回归分析,变量名根据效应的随机回归系数的数目和所用的基础函数而扩展。其形式与如上协变量的指定方式相似,为“vn(n,BAF)”。与固定协变量不同的是,这里配合了截距,即 n 为配合阶数,而非配合度。例如,用多项式基础函数时的 $n=3$ 表示二次多项式,其 3 个系数分别为截距、线性和二次项。

随机效应包括“控制变量”,即用于随机回归分析的随机协变量。“控制变量”用 RRC 表示。

③“额外”效应:分析模型中没有明确配合的效应,如配合嵌套效应,也需要编码。这些效应作为“额外”效应给出。

EXT:代码后为变量名,表示一个效应未在模型中配合,但在定义其他效应时又是必需的。

(2)分析的性状。每行给出一个性状,各行包含(空格分开):代码 TRAIT(或 TR);性状名(同 DATA 块);性状的顺序号。

二、WOMBAT 的运行选项

对于不同的分析任务,WOMBAT 具有不同的运行选项。依据 Linux 标准,运行选项具有 2 种形式:

①-a:其中的 a 表示一个单一的小写字母代码;

②-abcdef:其中的 abcdef 表示一个小写多字母代码。

(一)基本运行选项

WOMBAT 的基本运行选项包括继续运行选项、屏幕输出方式选项、默认 REML 算法选项、非估计(不估计方差组分)运行选项及其他选项。各选项的代码及其功能见表Ⅱ-2。

表Ⅱ-2 WOMBAT 已有的基本运行选项

选项	目的	选项	目的
-c	继续运行	-best	只对当前最佳点估值输出
-v	动态屏幕输出	-blup	只预测(BLUP)
-d	详细屏幕输出	-simul	只运行模拟数据
-t	简明屏幕输出	其他选项	
默认 REML 算法选项		-expiry	屏幕输出程序的终止日期
-good	说明具有好的初值	-limits	屏幕输出难以编码的程序限制
-bad	说明具有差的初值	-tmes	输出运行中不同的中间时间
非估计运行选项		-wide	给出“宽”输出文件
-setup	只执行 set-up 步的运行过程		

(二)高级运行选项

WOMBAT 的基本运行选项包括混合模型矩阵(MMM)的重排策略选项、不同 REML 算法选项和参数化选项。各选项的代码及其功能见表Ⅱ-3。

表Ⅱ-3 WOMBAT 已有的高级运行选项

选 项	目 的
混合模型矩阵(MMM)的重排策略选项	
-metis	应用多层嵌套剖分法(Metis)对 MMM 重排
-mmd	应用多重最小度法对 MMM 重排
-and	应用近似最小度法对 MMM 重排
特定 REML 算法选项	
-aireml	平均信息(AI)算法
-nostrict	采用降低对数似然函数值步骤的 AI 算法
-modaim	对 AI 矩阵进行改进以保证正定
-emalg	标准 EM 算法
-pxem	PX-EM 算法
-emai	少数几轮 EM 算法,然后 AIREML 算法(默认)
-pxai	少数几轮 PX 算法,然后 AIREML 算法(默认)
-simplex	应用 Simplex 法的非求导(DF)最大化算法
-powell	应用 Powell 共轭方向法的 DF 最大化算法
-pownew	应用 Powell 新方法的 DF 最大化算法
参数化选项	
-logdia	对 Cholesky 因子对角线元素进行对数转换
-nologd	对 Cholesky 因子对角线元素不进行对数转换
-noreord	对协方差矩阵进行有序的 Cholesky 分解

三、WOMBAT 的输入文件

WOMBAT 的主要输入文件包括数据文件、系谱文件和参数文件。对于一些特殊分析任务,往往还需要一些其他文件。

(一)数据文件

(1)文件名长度不超过 30 个字符。

(2)文件中的变量应具有固定列宽,以空格分开。

(3)所有效应(固定、随机或"额外"效应)的编码必须是正的整型变量,即由数字串组成。

(4)所有性状和协变量(包括控制变量)应为实型变量,即允许有小数点和正负号,只允许 FORTRAN 型格式。

(5)任何字母数字串都可能使 WOMBAT 出错。

(6)对于多性状分析,一个个体的每个性状只能有一个记录。性状号应在第一列给出。

(7)软件对缺失值没有特定的编码。数据文件中,缺失数据用空格表示。

(8)数据文件必须以升序形式排序:

①根据个体排序;

②个体内根据性状号排序(对于多性状而言);

③个体和性状号内根据控制变量的值排序(对于随机回归分析而言)。

(二)系谱文件

(1)文件名长度不超过30的字符。

(2)数据文件中涉及的每个个体在系谱文件中必须有一行。此外,其他行可以包括没有记录的亲本的系谱信息。

(3)每行应有3个整型变量组成,分别为个体号、个体的父亲号和个体的母亲号。所有编号必须为介于0到2 147 483 647内的有效整数。

(4)个体号必须大于亲本编号。未知亲本可编码为“0”。

(5)如果模型中配合了母体遗传效应,数据文件中涉及的所有个体的母亲必须已知,即编号应大于0。

(6)系谱文件不必排序。然而,根据个体以升序排序可以减少软件的处理时间。

(三)参数文件

参数文件的建立规则如(一)所述。

(四)其他文件

根据所选择的分析模型,可能还需要其他输入文件,包括:

(1)广义逆文件。当随机效应的协方差应用了“GIN”选项时,需提供广义逆文件。

(2)基础函数文件。当分析模型中的一个协变量(或随机回归分析中的控制变量)指定了USR代码以选择对用户定义的一组基础函数进行回归分析时,需提供基础函数文件。

(3)“实用”文件。包括RunOptions、FileSynonyms和RandomSeeds。

以上有关文件建立的详细规则参见WOMBAT的用户指南。

四、WOMBAT的输出文件

WOMBAT的输出文件大致可以分为三类,即主要结果文件、其他结果文件和实用文件。

(一)主要结果文件

主要结果文件是可读的有格式概要性文件,不需要再用其他程序或软件处理。这些文件的扩展名为“. out”。

(1)SumPedigrees. out:给出系谱信息概要。

(2)SumModel. out:给出分析模型的概要以及数据的相应特征。统计量包括性状和协变量的均数、标准差、变异范围以及分析模型中有关效应的水平数。

(3)SumEstimates. out:给出①参数估计值、相应的协方差矩阵及其特征根;降秩分析中特征向量的相应矩阵。②相应的相关和方差比矩阵。③用户定义的协方差函数的有关数值。④如估计值最后是由AIREML得出,WOMBAT给出所估参数和协方差组分的近似抽样误差。

(4)BestSoFar. out:是SumEstimates. out的一个缩略版,当命令选项中指定“-best”时输出该文件。文件给出当前具有最大似然值的参数估值矩阵。

(5)FixSolutions. out:给出固定效应的广义最小二乘解。

(二)其他结果文件

其他结果文件往往较大,可以进一步用其他软件处理,以扩展名“. dat”给出。

(1)Residuals. dat:给出所有观察值的残差以及方差组分的当前估值。其阶数与数据文件相同，包括 2 列内容：第 1 列为残差估值；第 2 列为以离均差形式表示的相应观察值。

（2）RnSoln_rname. dat：以不同文件给出每个随机效应的解。这些文件名为 RnSoln_rname. dat，其中的 rname 为随机效应名。这些文件各列内容如下：

①第 1 列：效应各水平的顺序号。

②第 2 列：相应的起始编码。只输出为该水平配合第一个"效应"。

③第 3 列："效应"号。这里的效应取决于不同的分析方法，可以是一个性状、主成分或随机回归系数。

④解。

⑤第 4 列：解的抽样误差。只在最后一次迭代是由 EM 或 PX-EM 算法完成时给出。

（三）"实用"文件

WOMBAT 还提供多个"实用"文件，用于监视估计过程、为随后的运行提供信息或者为用户提供估计后有关计算的方便。这些文件没有扩展名，但可用有关字处理软件打开。

（1）ListOfCovs：列出模型中定义的协方差组分及其顺序号和初值。

（2）BestPoint：当需要改进一组参数的似然值时，输出该文件，用于继续或估计后再运行。

（3）Iterates：利用 AI、PX-EM 或 EM 的算法迭代完成后，给出有关迭代的信息概要。该文件可用于监视估计过程，特别是监视后台模式下的长时间运行过程。

（4）OperationCounts：列出混合模型矩阵的 Cholesky 因子（或逆）中非零元素的个数以及 Cholesky 分解的操作次数。用于比较某一特定分析下对混合模型矩阵进行不同排序策略的效率。

（5）AvInfoParms 和 AvinfoCovs：当应用 AI 算法时，给出所估参数和（协）方差的平均信息矩阵。这可用于遗传参数的近似抽样方差和误差的计算。

（四）"内部"文件

WOMBAT 产生的内部文件具有默认的文件名，扩展名为". bin"。这些文件包括 nrminvn. bin、adjacency. bin、eqnsorder. bin、symbfact. bin 和 recodedn. bin，主要用于同一分析的继续运行或额外运行，以节省计算步骤。

附录Ⅲ　BLUPF90 育种值估计软件简介

BLUPF90 是目前世界上广为应用的育种值估计软件，由美国佐治亚州立大学的 Misztal 教授(1999)编写而成，2004 年又做更新。该软件采用 Fortran90 语言，具有简单、灵活的特点，其核心是用于育种值估计的混合模型。该软件可从 http://nce. ads. uga. edu/～ignacy/f90 下载。

一、2004 年新版 BLUPF90 软件的使用过程

1. 参数文件(Parameter file)

BLUPF90 由参数文件驱动。下面为 BLUPF90 参数文件的常用格式，其中大写粗体关键词应完整无误，斜体字为用户填写的内容：

＃每个关键词前可以有一个说明，每个说明以＃开始

DATAFILE

数据文件名

NUMBER_OF_TRAITS

性状数

NUMBER_OF_EFFECTS

效应数

OBSERVATION(S)

数据文件中，每个观察值对应的位置，即观察值位于第几列(每个性状一行)

WEIGHT(S)

数据文件中，加权系数所对应的位置，即加权系数位于第几列(每个性状一行)；所有加权系数相同时为该行为空

EFFECTS: POSITIONS _ IN _ DATAFILE NUMBER _ OF _ LEVELS TYPE _ OF _ EFFECT [EFFECT NESTED]

每个效应写一行，每行包括如下内容：

数据文件中效应所对应的位置，即效应所在的列(每个性状)

该效应的水平数

效应类型(交叉分组用 cross，协变量用 cov)

嵌套效应所对应的位置(每个性状一个，可选项)

RANDOM_RESIDUAL VALUES

随机残差的方差协方差矩阵(全贮形式)

RANDOM_GROUP

相关效应数(顺序与上面 EFFECTS 的效应一致)；相关效应必须连续

RANDOM_TYPE

随机效应的类型：可以是以下类型之一：diagonal(不相关随机效应)，add_animal(个体加性效应)，add_sire(公畜加性效应)，add_an_upg(具有未知亲本组的个体加性效应)，add_an_upginb(个体加性效应，考虑未知亲本组和近交) or par_domin(亲本显性效应)

FILE

血缘关系文件；如果不必要则空行(当表示公畜效应、个体效应时，需要亲缘关系文件；但对于随机残差效应等，则不需要该文件)

(CO)VARIANCE

已知相关效应和性状的方差-协方差矩阵(全贮形式)

*注意：若有多个效应，*RANDOM_GROUP*一节应就每个效应或效应组重复输入，即*RANDOM_GROUP→RANDOM_TYPE → FILE → (CO)VARIANCE*需循环输入。*

2. 数据文件(Data file)

数据文件为自由格式，只含有实型和整型数值。BLUPF90 软件要求所有效应从 1 开始连续编码。

3. 随机效应及系谱文件(random effect and pedigree file)

随机效应中的加性效应主要包括以下 4 种类型，每种类型的系谱格式不同，分别为：

(1)公畜加性效应(add_sire)

add_sire 的系谱文件采用如下格式：

个体号，公畜号，外祖父号

公畜号或外祖父号未知时，用 0 代替

(2)个体加性效应(add_animal)

add_animal 的系谱文件采用如下格式：

个体号，父亲号，母亲号

父亲号或母亲号未知时，用 0 代替

(3)具有未知亲本组的个体加性效应(add_an_upg)

add_an_upg 的系谱文件采用如下格式：

个体号，父亲号，母亲号，亲本代码

其中父亲号和母亲号可以用未知的亲本代码代替。亲本代码＝3-已知亲本数，即 1 代表双亲均已知，2 代表一个亲本已知，3 代表双亲未知。

(4)考虑未知亲本组和近交的个体加性效应(add_an_upginb)

add_an_upginb 的系谱文件采用如下格式：

个体号，父亲号，母亲号，inb/upg 代码

其中，父亲号和/或母亲号可以用未知亲本代码代替。*inb/upg* 代码＝4 000/[$(1+m_s)(1-F_s)+(1+m_d)(1-F_d)$]。当父亲号(母亲号)已知时，$m_s$($m_d$)为 0，否则用 1 表示。$F_s$($F_d$)为父亲(母亲)的近交系数。例如，当个体双亲均已知时，*inb/upg* 代码＝2000。

(5)亲本显性效应

亲本显性效应的系谱文件采用如下格式：s-d s-sd s-dd ss-d ds-d ss-sd ss-sd ss-dd ds-sd ds-dd code

其中 x-y 为个体 x 和 y 的一个合并编号，s 指公畜，d 指母畜，sd 指母亲的父亲，余类推。code 为 0～255 间的一个数，是指缺失亚组的合并代码。如果有一行为：

p s8 s7 s6 s5 s4 s3 s2 s1 code

那么，code$=\sum(a_i 2^i)$，如 $s_i=1$，$a_i=0$，否则 $a_i=1$。

BLUPF90也可以包含其他相关矩阵，如自相关。

4. 输出文件

结果文件名为“solutions”。

二、举例：单性状“USDA-type”动物模型

模型为： $$y_{ijkl}=hys_i+hs_{ij}+p_k+a_k+e_{ijk}$$

其中，

y_{ijkl}＝性状表型值；

hys_i＝场-年-季节效应，固定效应；

hs_{ij}＝场与公畜间的互作效应，随机效应；

p_k＝随机永久环境效应；

a_k＝个体加性遗传效应，随机效应；

假设，$Var(hs_{ij})=0.1$，$Var(p_k)=0.05$，$Var(a_k)=0.5$，$Var(e_{ijkl})=1$。

1. Data file (ic)

Format：animal/hys/p/hs/y

```
1  1  1  1  10
2  1  2  1  11
3  2  3  2  15
4  2  4  3  13
5  3  5  4  14
6  3  6  3  12
```

2. Relationship file (is)

Format：animal/ sire / dam /code

```
 1   12    8   2
 2    1    8   1
 3    2    9   1
 4    7   10   1
 5   12   11   2
 6    1   10   1
 7   13   14   3
 8    5   11   1
 9   13    8   2
10    7   14   2
11   13   14   3
```

3. Parameter file

#Example of single-trait animal model with one fixed effect(包含一个固定效应的单性状动物模型的例子)

DATAFILE

ic

NUMBER_OF_TRAITS

1

NUMBER_OF_EFFECTS

4

OBESRVATION(S)

5

WEIGHT(S)

EFFECTS: POSITIONS _ IN _ DATAFLE NUMBER _ OF _ LEVELS TYPE _ OF _ EFFECT

[EFFECT NESTED]

2 3 cross

3 6 cross

4 4 cross

1 14 cross

RANDOM_RESIDUAL VALUES

1

RANDOM_GROUP

2 (*随机效应 hs 的位置*)

RANDOM_TYPE

diagonal

FILE

(CO)VARIANCES

.1

RANDOM_GROUP

3 (*随机效应 p 的位置*)

RANDOM_TYPE

diagonal

FILE

(CO)VARIANCES

.05

RANDOM_GROUP

```
4 (随机效应 a 的位置)
RANDOM_TYPE
add_an_upg
FILE
is
(CO)VARIANCES
.5

Execution (BLUPF90 运算结果)
/home/ignacy/f90/examples blupf90
name of parameter file? exiap
BLUPF90 1.00
Parameter file: exiap
Data file: ic
Number of Traits 1
Number of Effects 4
Position of Observations 5
Position of Weight (1) 0
Value of Missing Trait/Observation 0
EFFECTS
# type position (2) levels
[positions for nested]
1 cross-classified 2 3
2 cross-classified 3 6
3 cross-classified 4 4
4 cross-classified 1 14
Residual (co)variance Matrix
1.000
Random Effect 2
Type of Random Effect: diagonal
trait effect (CO)VARIANCES
120.100
Random Effect 3
Type of Random Effect: diagonal
trait effect (CO)VARIANCES
130.050
Random Effect 4
Type of Random Effect: additive animal
Pedigree File: is
```

trait effect (CO)VARIANCES

140.500

REMARKS

(1)Weight position 0 means no weights utilized

(2)Effect positions of 0 for some effects and traits means

that such

effects are missing for specified traits

Data record length = 5

original G

0.10

inverted G

10.00

original G

0.05

inverted G

20.00

original G

0.50

inverted G

2.00

solutions stored in file: "solutions"

/home/ignacy/f90/examples cat solutions

trait/effect level solution

1	1	1	11.858 9
1	1	2	13.753 9
1	1	3	14.708 6
1	2	1	−0.008 8
1	2	2	0.008 8
1	2	3	−0.015 9
1	2	4	0.015 9
1	2	5	0.032 1
1	2	6	−0.032 1
1	3	1	0.000 0
1	3	2	−0.007 9
1	3	3	−0.008 1
1	3	4	0.016 1
1	4	1	−1.762 7
1	4	2	−0.955 3

1	4	3	1.428 8
1	4	4	−0.920 6
1	4	5	−1.078 1
1	4	6	−2.347 4
1	4	7	0.851 1
1	4	8	−0.152 1
1	4	9	3.892 6
1	4	10	−2.771 7
1	4	11	0.852 8
1	4	12	−3.191 1
1	4	13	7.997 6
1	4	14	−6.334 0

参 考 文 献

[1] 张沅. 家畜育种学. 北京:中国农业出版社,2001.

[2] 内蒙古农牧学院. 家畜育种学. 2版. 北京:农业出版社,1990.

[3] 师守堃. 动物育种学总论. 北京:北京农业大学出版社,1993.

[4] 张沅. 动物育种学各论. 北京:北京农业大学出版社,1996.

[5] 张沅,张勤,家畜育种中的线性模型. 北京:中国农业大学出版社,1993.

[6] 中国畜禽遗传资源状况编委会. 中国畜禽遗传资源状况. 北京:中国农业出版社,2004.

[7] 常洪. 家畜遗传资源学纲要. 北京:中国农业出版社,1995.

[8] 耿社民,刘小林. 中国家畜品种资源纲要. 北京:中国农业出版社,2003.

[9] 陈国宏,王克华,王金玉,等. 中国禽类遗传资源. 上海:上海科学技术出版社,2004.

[10] 中国家畜家禽品种志编委会中国牛品种志编写组. 中国牛品种志. 上海:上海科学技术出版社,1986.

[11] 中国家畜家禽品种志编委会中国猪品种志编写组. 中国猪品种志. 上海:上海科学技术出版社,1986.

[12] 盛志廉,陈瑶生. 数量遗传学. 北京:科学出版社,1999.

[13] 俞渭江,郭卓元. 畜牧实验统计. 贵阳:贵州科学技术出版社,1995.

[14] 周忠孝,杨建一,刘文忠. 家畜育种学. 太原:山西高校联合出版社,1993.

[15] 焦骅. 家畜育种学. 北京:中国农业出版社,1995.

[16] 陈幼春. 现代肉牛生产. 北京:中国农业出版社,1999.

[17] 邱怀. 牛生产学. 北京:农业出版社,1992.

[18] 欧阳叙向. 家畜遗传育种学. 北京:农业出版社,2001.

[19] 王继华. 家畜育种学导论. 北京:中国农业科学技术出版社,1999.

[20] 中华人民共和国标准 GB 8466—87,瘦肉型猪选育技术规程. 北京:中国标准出版社,1987.

[21] Gerald Wiener. Animal Breeding. 韩健林,罗玉柱,译. 兰州:兰州大学出版社,1996.

[22] Bourdon R M. Understanding Animal Breeding. 2nd ed. New Jersey: Prentice Hall, 2000.

[23] Dalton D C. Introduction to Practical Animal Breeding. 2nd ed. London: Collins, 1985.

[24] Mrode, R A. Linear Models for the Prediction of Animal Breeding Values. 2nd ed. Wallingford: CABI Publishing, 2006.

[25] 刘文忠,张沅. 动物育种中的频率主义者方差组分估计法. 山西农业大学学报,2002,22(1):91-96.

[26] 李宏. 基于三点测交的双标记——QTL 基因定位的相关方法. 生物数学学报,2000,15: 93-98.

[27] Hu Z L, Zhang X F. A correlation method for detecting and estimating linkage between a marker locus and a quantitative trait locus using inbred lines. Theor. Appl. Genet., 1995(90):1074-1078.

[28] Liu W Z. Zhang Y. Zhou Z X. Adjustment for non-genetic effects on body weight and size in Angora goats. Small Rumin. Res., 2005(59): 25-31.

[29] Meyer K. WOMBAT-A Program for Mixed Model Analyses by Restricted Maximum Likelihood. User notes. Animal Genetics and Breeding Unit, Armidale, 2006: 55.

[30] Misztal, I. BLUPF90-A Flexible Mixed Model Program in Fortran 90. Manual. Animal and Dairy Science, University of Georgia, Athens, GA, USA, 1998. Available on: http://nce.ads.uga.edu/~ignacy/f90.

[31] Staun H. A historical review of pig testing programs in Denmark, Journal of South China Agricultural University, 2005(26) (Suppl): 32-41.

[32] Zhang X F, Mosjidis J A, Hu Z L. Method for detection and estimation of linkage between a marker locus and quantitative trait loci. Plant Breed., 1992(109):35-39.

我国著名的地方品种(一)

太湖猪(母)

民猪(母)

金华猪(母)

荣昌猪(母)

滇南小耳猪(母)

云南花兔(公)

蒙古牛(公)

云南瘤牛(公)

鲁西牛(公)

九龙牦牛(公)

江汉水牛(公)

大额牛(公)

大尾寒羊(公)

小尾寒羊(公)

乌珠穆沁羊(公)

我国著名的地方品种(二)

内蒙古绒山羊(公)

青山羊(公)

龙陵黄山羊(公)

西南矮马(公)

北京油鸡(公)

寿光鸡(公)

丝羽乌骨鸡(公)

藏鸡(公)

茶花鸡(公)

亳州斗鸡(公)

荆江麻鸭(母)

北京鸭(公)

豁眼鹅(公)

狮头鹅(母)